抗战时期的西南联合大学校门

抗战时期的西南联合大学校舍

抗战时期的西南联合大学图书馆

西南联大博物馆／供图

西南联合大学校务委员会常委、
清华大学校长梅贻琦

西南联合大学校务委员会常委、
北京大学校长蒋梦麟

西南联合大学校务委员会常委、
南开大学校长张伯苓

1943 年，西南联合大学工学院机械工程学系毕业合影

叶企孙

陈省身

钱伟长

曾昭抡

西南联大名师课
科学精神

西南联大博物馆 编

叶企孙 等 著

人民东方出版传媒
People's Oriental Publishing & Media
东方出版社
The Oriental Press

图书在版编目（CIP）数据

科学精神 / 西南联大博物馆编；叶企孙等著 . -- 北京：东方出版社，2025.8
（西南联大名师课）
ISBN 978-7-5207-3709-8

Ⅰ.①科…　Ⅱ.①西…②叶…　Ⅲ.①科学精神　Ⅳ.①G316

中国国家版本馆 CIP 数据核字（2023）第 200935 号

科学精神
KEXUE JINGSHEN

作　　者：	西南联大博物馆编　叶企孙等著
责任编辑：	孔祥丹
责任校对：	金学勇
出　　版：	东方出版社
发　　行：	人民东方出版传媒有限公司
地　　址：	北京市东城区朝阳门内大街 166 号
邮　　编：	100010
印　　刷：	三河市龙大印装有限公司
版　　次：	2025 年 8 月第 1 版
印　　次：	2025 年 8 月北京第 1 次印刷
开　　本：	880 毫米 ×1230 毫米　1/32
印　　张：	11
字　　数：	224 千字
书　　号：	ISBN 978-7-5207-3709-8
定　　价：	59.80 元

发行电话：（010）85924663　85924644　85924641

版权所有，违者必究

如有印装质量问题，我社负责调换，请拨打电话：（010）85924602　85924603

丛书编委会

主　编：李红英
副主编：朱　俊　铁发宪

编　委（按姓氏笔画为序排列）：
马艺萌　王　欢　朱　俊　李红英　李　娅
张　沁　祝　牧　姚　波　铁发宪

序

致敬，怀抱薪火者

走进西南联大旧址，很多人，包括我自己，浸润其中经常是情到深处泪自流。这所在抗战烽火中诞生的高等学校，在短短的8年多时间里，创造了中国乃至世界教育史上一个苦难而又光辉的奇迹：

8年中，在战火纷飞、衣食难继的条件下，联大师生中走出了2位诺贝尔奖获得者、8位"两弹一星"功勋奖章获得者、5位国家最高科技奖获得者、175位院士、9位党和国家领导人以及大批蜚声中外的杰出人才。联大的师生经历了革命、建设、改革的各个历史时期，走过苦难却为历史留下丰碑，为今人留下启迪。

一

西南联大，为国立西南联合大学的简称，是抗战烽火中由国立北京大学、国立清华大学和私立南开大学在云南昆明合组而成的一所综合性大学。

1937年卢沟桥事变发生后，平津沦陷。为保存中国教育的火种，沦陷区高校纷纷内迁。1937年8月，上述三所高校迁至长沙，组成国立长沙临时大学。然而，日军铁蹄步步进逼，长沙很快又岌岌可危。于是，长沙临大师生又分三路奔赴昆明。其中一路由近300名师生组成的"湘黔滇旅行团"，横跨湘、黔、滇三省，历时68天，行程3500里。在这支队伍中，有黄钰生、闻一多、曾昭抡等11名教师。联大师生"刚毅坚卓"的品格，于此可见一斑！

1938年4月，师生陆续抵昆，长沙临时大学改称"国立西南联合大学"，5月4日正式开课。1946年5月4日，西南联大宣告结束，三校胜利复员北返，留师范学院在昆明独立设置，定名国立昆明师范学院，1950年改名昆明师范学院，1984年更名为云南师范大学。

这是一所在一无所有基础上结茅立舍的大学！"昆明有多大，联大就有多大"。联大教授任之恭在《一位华裔物理学家的回忆录》中写道："这个大学在昆明最初创立时，除了人，什么也没有。……过了一些时间，都有了临时的住地，或靠借、或靠租。……一旦有了土地，便修建许多茅草顶房屋，用作教室、宿舍和办公室。"

这是一所在躲空袭、"跑警报"中完成教学的战时高校！昆明虽是大后方，但1938年9月后屡遭日本飞机的空袭，"跑警报"成了联大师生的家常便饭。华罗庚在敌机轰炸中差点丧命，金岳霖在"跑警报"中丢失了几十万字的手稿。为了安全，教授们不得不疏散到昆明周边的城郊居住。

即便在如此极度简陋和艰难的环境中，西南联大师生精诚团结，和衷共济，坚持教书救国、读书报国，坚持为国育才，鼎力治学研究，服务抗战救国，引领风气之先，为赓续中华民族的文化血脉创造了中国乃至世界教育史上的奇迹。

梅贻琦、闻一多、朱自清、郑天挺、陈寅恪、钱穆、罗庸、冯友兰、潘光旦、汤用彤、沈从文、唐兰、陈梦家、叶企孙、吴有训、华罗庚、陈省身、吴大猷、王竹溪、赵忠尧、曾昭抡、施嘉炀……大师云集、名家荟萃，真可谓山河破碎时，群星正闪耀。

回望这一个个载入中国教育史、文化史、科学史的名字，他们既是有杰出学术造诣、启迪学生智慧的学问之师，更是操守高洁、能以伟岸人格力量砥砺学生心灵的品行之师。他们以杰出的学识、伟岸的人格力量，以及爱国、科学、民主的精神，影响着那些胸怀读书报国之志的年轻人：杨振宁、李政道、邓稼先、朱光亚、黄昆、郑哲敏、汪曾祺、穆旦、许渊冲、马识途……

大学之"大"，在大师之"大"。西南联大的实际主持者梅贻琦先生有句名言："所谓大学者，非谓有大楼之谓也，有大师之谓也。"西南联大秉持的正是这样的办学理念，凝聚当时的一众教育精英。大师，是大学的灵魂所在。师之所存，道之所在；道之所在，人之所向；英才聚焉，故成其大。

"多难殷忧新国运，动心忍性希前哲。"是爱国主义精神，支撑着联大师生在危难之中能够弦歌不辍，在战火之下依然桃李芬芳。

"千秋耻，终当雪。中兴业，须人杰。"是教育救国的信念，激励他们为国育才，为民族复兴治学，为后人留下了一座座不朽的科学、人文成果的丰碑。

2020年1月20日,习近平总书记考察调研西南联大旧址时指出:"国难危机的时候,我们的教育精华辗转周折聚集在这里,形成精英荟萃的局面,最后在这里开花结果,又把种子播撒出去,所培养的人才在革命建设改革的各个历史时期都发挥了重要作用。"

是的,只有教育"精英荟萃",才有科学与文化"播撒种子、开枝散叶"的可能。有了西南联大的一众名师,才有了国难当头之际,科学与文化的薪火在中华大地上传承不绝的壮观一幕!

致敬,怀抱薪火者!

二

国之大事,在祀与戎。

西南联大旧址及博物馆是西南联大在昆明办学8年的重要物质载体,蕴含着丰厚的历史文化资源,她记载着联大师生的艰难与困苦、成就与辉煌,体现着西南联大在特定的抗战历史条件下为赓续中华民族的文化血脉坚韧不屈的担当与责任。

祀,既是纪念,更要传承。

我们传承和弘扬联大精神,不仅要对西南联大历史文化遗产进行保护,更要通过展陈、宣传、教育、课堂教学等多元、立体方式还原、呈现西南联大的历史,作时代阐释。现在,呈现在读者面前的这套"西南联大名师课"丛书,就是我们整理、编纂和研究西南联大知识分子群体的作品,用各种形式传播他们在极端困难下取得的、至今仍不过时的各种成果。丛书共10册,分为《中国历史》、《中国文学》、《中国哲学》、《诸子百家》、《诗词曲赋》、《文化常识》、《人文精神》、《科学精神》、《世界文学》、《世界哲学》10个主题。编纂这套反映西南联大名师学术思想和精湛教学水平的课程讲义,是为了向大师们致敬,也是为传承和弘扬好西南联大精神,讲好西南联大教育救国故事的一个新成果。

丛书在文章编选上,遵循以下原则:

择师重"名"。丛书精选的名师有52位,他们多为影响力较大、在一个或多个学术领域中富有专长的名师,基本上代表了一个时代的学术文化高峰。

选文重"精"。为尽可能展现名师的学术风貌,丛书文章的收录范围,并不限于联大8年时间。丛书所选文章共300余篇,编辑团队用过的备选底本数量则在此10倍以上,以确保能从这些名师的著述中,筛选出具有通识性、思辨性和时代价值的经典文章。

阅读重"易"。丛书立足于让读者读得精、读得懂,尽量精选联大名师著述中通俗易懂、具有可读性和易读性的文章,让读者能获得更好的阅读体验,更加方便地受到优秀文化的滋养。

按照以上编选原则,我们在尊重并保持原作风格与面貌的基础上,进行了仔细编校,纠正了个别讹误。

历史,是最鲜活的,因为它总能给当下的人带来智慧和启迪。因此,我们认为,本丛书的编选,既是对历史的留存,也是为时代讲述。相信，本丛书的出版，能对大家感知西南联大名师课堂的魅力，感受他们的学术风范、家国情怀和人格魅力，有所助益。

  是为序。

西南联大博物馆馆长 李红英

编纂说明

"西南联大名师课"丛书，是为了彰显西南联大学术成果、传承和弘扬西南联大精神而编写。在编纂宗旨上，我们借鉴西南联大"通识为本，专识为末"的教育理念，精选多位西南联大名师留下的经典名篇，编为10册，分别是《中国历史》、《中国文学》、《中国哲学》、《诸子百家》、《诗词曲赋》、《文化常识》、《人文精神》、《科学精神》、《世界文学》、《世界哲学》。

何谓"名师"呢？编者认为，所谓名师，就是指在西南联大工作或学习过的"西南联大知识分子群"中比较有代表性的人物。这些人，既有在西南联大任教时，就已经是其所属学术领域的知名学者，如梅贻琦、陈寅恪、朱自清、闻一多、冯友兰等，又有在西南联大任教时间不长，但名字也保存在"国立西南联合大学教职员录"中，还包括获得西南联大聘任而未到任，但名字印刻在"国立西南联合大学教授名录"上的著名学者，如顾毓琇、胡适等。为了体现西南联大文化薪火的传承不绝，本丛书还收录了在西南联大毕业后留在西南联大任教、后来成为各自领域的名家，如历史学家丁则良、古典文学家李嘉言、哲学家任继愈、翻译家王佐良、诗人和翻译家查良铮（穆旦）等人的作品。

在编纂体例上，丛书采用专题讲述的形式。每一册根据主题分为若干篇，每篇下又分为若干讲，均围绕本篇主题讲授。

丛书所选作品有的来自作者的课堂讲义或演说（如在昆明广播电台的广播演说），有的来自作者较为经典的文章或著作。丛书统一以"课"名之，一是凸显作者的"名师"身份，二是体现本丛书所选内容比较通俗易懂，就像他们课堂授课一般娓娓道来。但不可否认，由于时代原因，文中某些字词的用法，与现今略有差异，同时，每位名师在讲述风格、行文习惯等方面，以及作品的体例、格式等方面，也有所不同。为保证本丛书的可读性、准确性和连续性，以及文字、标点符号用法的规范性，我们按照国家有关编校规程，对入选内容作了仔细编校，纠正了个别讹误，并对原文进行了统一体例的处理。

具体编校方式如下：

1. 坚持尊重原作的原则，确保编校工作只是进行技术性处理，不损害作品的原意。

2. 编者所加注释，均以脚注形式出现，并在结尾处标明"编者注"加以区分；作品的出处及参考文献，以尾注形式出现。

3. 入选的部分作品，编者进行了节选。对节选内容，均在作品标题尾部注明"（节选）"字样，加以说明。

4. 文中表示纪年的数字，皆改为阿拉伯数字。为保持全书体例一致，原作正文中表示公元纪年的名称如"西元"、"纪"、"西"、"西历"等，统一为"公元"。同时，编者对表示公元纪年的方法也进行了统一处理，皆以"公元××××年"表示。文中表示时段的数字，统一为"××××—×××× 年"形式。

5. 为确保作品原貌，对因语言习惯变迁造成的部分文字差异，除确为硬伤、错别字外，对不影响理解作品原意的文字、半文半白的表述中的中文数字，均未作修改，如"的"、"地"、"得"、"底"的用法，"那末"（今作"那么"）、"长三十公尺"等。

6. 作品中出现的译名，与现今通用译名有不尽一致之处，为忠实原作原貌，皆未作改动。

7. 因各年代版本的不同，有些引文与现今版本文字略有出入。在忠实于作者表述的基础上，依据权威版本进行了核对修改。

8. 为更清晰地表达文章内容，本丛书对部分作品，进行重拟标题和分节的处理。

9. 为保障读者的阅读体验，对原作中的标点符号，在不改变原作内容的前提下，本丛书根据 2012 年开始实施的《标点符号用法》，对部分作品的标点符号进行了规范。

总之，编者希望本丛书能让广大读者从民族危亡时期这些名师的著述中，窥见那一代学人的奋斗与风貌，传承西南联大师生们铸就的优良传统，汲取增强自身文化基础、提升自我认知水平的有益养分。

编　者

目 录 | contents

第一篇 科学的精神

科学精神四讲

顾毓琇：科学精神与人文精神 / 003

费孝通：真知识和假知识——一个社会科学工作人员的自白 / 009

胡　适：演化论与存疑主义 / 017

潘光旦：一种精神，两般适用 / 026

第二篇 科学与人文

科学精神与人文精神五讲

钱　穆：略论中国科学（一）/ 039

钱　穆：略论中国科学（二）/ 049

潘光旦：人文学科必须东山再起——再论解蔽 / 063

曾昭抡：写给学科学的青年们 / 079

陈省身：把中国建成数学大国 / 083

第三篇 科学与教育

科学精神与现代教育五讲

顾毓琇：科学教育的实施 / 091

梅贻琦：工业化的前途与人才问题 / 095

胡　适：大学教育与科学研究 / 106

钱伟长：大学教师必须搞科研 / 111

顾毓琇：知识与智慧 / 128

第四篇 科学与方法

科学方法与求知治学四讲

钱伟长：谈学习方法 / 141

胡　适：科学方法引论 / 159

吴大猷：科学方法谈 / 164

毛子水：谈科学的分类和治学的途径 / 169

第五篇 科学与人生

科学精神与人生道路五讲

叶企孙：科学与人生——自然科学对于
　　　　现代人生的贡献 / 177

钱　穆：科学与人生 / 185

胡　适：工程师的人生观 / 189

钱伟长：我为什么要弃文从理 / 196

陈省身：我的若干数学生涯 / 202

第六篇 中国文化与科学

中国传统文化与古代科学四讲

钱　穆：中国文化与科学 / 217

胡　适：中国哲学里的科学精神与方法
　　　　（节选）/ 229

胡　适：格致与科学 / 247

毛子水：孔门和科学 / 250

第七篇 中西交流与科学

西学东渐与文化反思四讲

叶企孙：中国科学界之过去现在及将来 / 257

曾昭抡：中国学术的进展 / 263

潘光旦：科学与"新宗教、新道德"
——评胡适《我们对于西洋
近代文明的态度》/ 273

吴大猷：近数百年我国科学落后西方的原因 / 285

第八篇 永恒的风范

科学巨匠的精神风范四讲

费孝通：曾著《东行日记》重刊后记 / 297

顾毓琇：纪念吴有训先生 / 308

钱伟长：怀念我的老师叶企孙教授（节选）/ 314

陈省身：我与华罗庚 / 327

第一篇 科学的精神
科学精神四讲

1937—1946

1937—1946

1902—2002

顾毓琇：科学精神与人文精神

一、科学精神

科学精神，是求真求实的精神。凡是科学家，必具备科学精神。凡是研究科学的青年，必须学习此种精神。有了科学精神——求真求实的精神——必会发现及重视科学方法。而科学方法，可以应用到一切日常生活、日常事务，乃至修身、齐家、治国、平天下的大事业。

求真即是追求真理。牛顿（Newton）的力学定律，凯百利（开普勒）（Kepler）的天体定律，麦克司威（麦克斯韦）（Maxwell）的电磁论，乃至爱因斯坦（Einstein）的相对论，都是追求真理的结果。今天太空人可以登上月球，探险以后，又回到地球，一切照着物理的道理，而得到成功。我们可以说探险的精神，乃是根据求真理的精神而来。

求实即是追求实在。哲学上的"实在"，与科学上的"实在"，含义或有不同。现就科学上的"实在"而论，"实在"乃是"实实在在"的事和物。在地球上找得到的实物——动物、植物、矿物，都是实在的。在科学上可以实验的结果，也是实在的。电子、原子、中子，都是实在的。天文上可以观察的也是实在的。月球上带回的岩石当然是实在的。科学的理论，必须靠实验去证明。科学研究的过程中有许多假设（hypothesis）。有些假设经过长期的观察或精密的实验，可以判断为正确与否。有些假设可以取消，有些假设亦可以修订。

科学精神是求真理，求实在。科学精神是合于格物、致知的精神。但科学精神实在可以超过研究物理、化学、生物、地质等个别学科的精神，而包括诚实不欺的精神，创造发明的精神，明白是非的精神，判断真伪的精神，以及探求天、地、人各种关系的精神。

以往西人以物理为"自然哲学"（Natural Philosophy），近来世人皆知"社会科学"（Social Sciences）的重要。社会科学的范围，一天一天在扩大，包括政治、经济、社会、管理等学科。

"自然科学"的范围，亦是一天一天在扩大。以往的物理、化学、生物，已不能包括所有学科的分类。例如：生物化学（Biochemistry），生物物理（Biophysics），及物理化学（Physical Chemistry）等。

"应用科学"包括工程学、医学、农学、商学、计算机、应用数学、工业管理，及许多特殊学科，如太空科学、农业化学、会计、统计等。

凡是纯粹科学（自然科学）、应用科学，及社会科学，皆需要丰富的科学知识，清楚的科学头脑，有条理的科学方法，和有勇气的科学精神。科学知识，科学头脑，科学方法，都包括在科学精神以内。有了科学精神，方可以研究科学，而得到真实的结果。提倡科学精神，方可使青年有勇往直前的气魄，临难不苟的操守，处变不惊的态度，以及坚苦卓绝、不折不挠的美德。在现代世界，科学是不可少的。而科学精神尤为求学问、成事业万不可少的基本条件。

二、人文精神

人文精神是求善求美的精神。凡是文学家、史学家、哲学家、艺术家，必具备人文精神。科学精神，乃根据物理学的精神。人文精神，乃根据人理学的精神。陈立夫先生最近出版《人理学研究》专书，包括三十二讲，请诸位参考。著者前言曰：

> 数十年来以余研究之结果，认为近世西方之最大成就，在于"尽物之性"；而中华文化以往之最大成就，在于"尽人之性"……自然科学以数、理、化为基础，以阐发物性之体与用为最终目的，统称之曰"物理学"可也。人文科学，以心、性、道为基础，以阐发人性之体与用为最终目的。统称之曰"人理学"亦无不可。

求善即是归于至善。伦理与宗教乃为求善的主要路线。东方——尤其中国——讲求伦理。孔孟之道即是着重于伦理。宗教的来源都出于东方。道教以外，佛教始于印度，传之东土而发扬光大。基督教及伊斯兰教均始于近东。向来西方各国，重宗教而轻伦理。近则西方亦觉伦理之重要，而欲引用东方之伦理以为补救。法律学与其属于社会科学，不如属于人文科学。盖法律必须有哲学及伦理学为其基础。在法律前面，一切人皆平等。此一观念，即为属于伦理学的范围。中国尚礼、尚法、讲伦理、讲道德。修身、齐家、治国，而至平天下，天下为公，皆为求善的境界。

诸子百家对于性善性恶，辩论纷争，不知若干年。但儒家孔孟之道，出发于性善，故有伦理学的建立。宋儒程朱之理学及道学，明儒王阳明之良知良能，以至明末清初朱舜水、黄黎洲、顾亭林诸大儒，皆不离孔孟之教，以仁义为依归，以至善为目标。

近世提倡民主，目的乃在求善。国父主张民族、民权，及民生主义，目的乃在求善。民族及民权主义，显然属于人文学的范围，而其影响及于一切社会科学。民生主义一部分固须赖厚生之道及农工医商各学科之应用，但"节制资本"及"平均地权"乃至"耕者有其田"的实施，则属于求善的范围。

六艺重视"礼"与"乐"。衣食住行之外，又须注意"乐"、"书"。"乐"乃代表一切艺术及一切康乐。"书"与"数"虽并列，但"书"实包括一切文学，乃至书法，画法。文学艺术（包括音乐、舞蹈、戏剧），乃在求美。哲学包括美学及伦理学。求美实为一切文艺创造的原动力。而求善乃为一切社会改进的原动力。无哲学则无美学，无哲学则无伦理。但吾人亦可以说："无哲学则无科学。"（科学与美学有密切关系，在此文不能多谈。）

我曾经说过："无科学则无文化，无文化则无民族。"我现在可补充说："无哲学则无科学，无人文则无民族。"盖"文化"与"人文"实在息息相通。试问没有"人文精神",还有文化吗?文化是生生不绝的,是民族生命的原动力。民族文化发扬光大,则国家可以转危为安,转贫为富,转弱为强。人文精神是创造的、绵延的、除旧更新的,也是拨乱反正的。

人文精神包括求善与求美。就现在世界的局势而论,则求善尤重于求美。国父曾指示:"有道德始有国家,有道德始成世界。"

三、两种精神之结合

人文精神同科学精神,正如鸟之两翼,车之两轮,相辅相成的。

科学精神是偏于理性的,虽然西洋的哲学,中国的儒学亦是注意理性的。人文精神是偏于情意的,所以只提倡人文精神,而忽略科学精神,难免有偏枯之流弊。二者兼顾,方可以完成人生的两方面。

科学精神与人文精神,不但彼此不冲突,而且在两种精神发扬与结合之后,科学家必定重视人文精神,而哲学家、文学家、史学家、法学家,及艺术家,亦必定重视科学精神。

今日的青年,必须具备科学精神与人文精神,然后可以求学问,成事业。《大学》、《中庸》的大道,重视人文精神,但亦包含科学精神。西洋文化的发展,提倡科学精神,但亦不能忽视人文精神。西洋的哲学,本包括伦理学及美学,而求善求美乃是人文精神的基础;西洋的科学,包括求真与求实,故有理论科学、实验科学、应用科学、社会科学，以至工、医、农、商各学科的发展。西洋的科学发展，轻视了人文精神，故今日的西方，陷于彷徨无主的动乱状态。中国的人文发展——尤其是理学、道学——偏重于伦理观念、道德规范，而忽略了科学精神；且于文学、音乐、艺术，亦不加重视，故求善胜于求美，求善重于求真。实在真、善、美为人类世界鼎足而立的重要因素，缺一而不可的。

为着中国民族的前途，为着世界文化的前途，我们必须同时提倡科学精神与人文精神。中国文化复兴运动的三方面为伦理、民主，及科学。上面说过，伦理及民主为人文精神的重要柱石，而科学之有赖于科学精神，更不待言。民族主义与民权主义之阐扬及实行，在乎人文精神。民生主义之阐扬，亦在乎人文精神。而民生主义之实施，则无疑的有赖乎科学精神。所以，人文精神及科学精神的结合，乃为实行三民主义的先决条件，亦为推进世界文化的重要任务。

（原载《顾毓琇全集》第8卷，辽宁教育出版社2000年版）

1910—2005

费孝通：真知识和假知识
——一个社会科学工作人员的自白

最近因为《观察》社要出版译丛，向我征稿，我翻出了一本已经很久就想译的书，那是三年前哈佛大学 Elton Mayo 教授寄给我的他的一本那时新出的著作。书名是 *The Social Problems of An Industrial Civilization*。我重新细细地读了一遍，有许多以前没有觉得重要的地方，这个时候读来却使我感触横生，不能自已。

该书的第一部分是讨论"科学和社会"。第一章《进步的暗淡面》里提出了一个对现阶段社会科学的批评。大意是这样：一切科学都是在人类应付具体情况的努力中发展出来的。在我们需要利用物资来满足我们的欲望时，我们不断地和物资发生接触，把物资的性质摸熟了，这些经验经过逻辑的推导，经过实验，形成了有系统的知识，才成立为一门自然科学。凡是能帮忙我们解决实际问题的科学，好像物理、化学，没有不是从这基础上生长成年的。

这段话里特别应当注意的就是：科学是人类负责解决实际问题里发生的，也必须实际上能帮助我们解决生活上的问题。

但是社会科学的起兴却并不如此。他说："社会科学只羡慕别种科学的成就，但是不幸的是眼高手低，以致在表面上做功夫，搭出了不少空中楼阁。一步步，实事求是，从简单可靠的技术上求发展的精神，即使还有，也被一阵虚妄的气色所掩住了。"这些名为科学的学问，却是本末倒置，不从实际应付人事的经验中找它的基础，反而从逻辑的推考里去建立它的理论系统。他又说："社会科学已很发达，但主要的却是学院性的习题，叫学生们怎样去写书，你的书讨论我的书，我的书讨论你的书。就是这样互相费笔墨来争论……他们读书本，在图书馆里埋首终日；他们在古旧的公式里转圈子，和推陈出新的应付实际人事的技术无关；既没有像医学一般有临床的实习，也没有像自然科学一般有实验室。"

这段话在我念来是太亲切了。我在大学里念的社会学不但是书本，而且是外国书本。靠了我会坐图书馆，记得住书名和人名，我能应付考试，在学校里被视作不坏的学生。这一套本领虽则在当时的教育制度中给我占了不少便宜，但是对于我在社会里实际的生活究竟有什么帮助呢？承蒙别人把书呆子的名义宽容了我在人事上的盲闯。在个人说，只要书呆子还有职业，也不妨长此在社会边际上活下去，但是顾名思义，社会科学是以有助于解决社会问题自命的，那样说来，实在只有自愧无地了。有人说笑话，念心理学的常常会有点心理变态，念社会学的常常会是最不通人事的人，前半句我不敢说对不对，后半句似乎很正确。

为了要摹仿自然科学，我出了学校之后，一直在想社会科学是否也有实验的可能。我最初的回答是不可能的，所以退而求其次，提出了实地研究的方法来。这方法是一般人类学家所采取的。意思是你要想了解一种人的生活，就是和这种人当面接触。不但要和他们谈话，而且要和他们一起生活。为此我曾在各个农村里住过。虽则没有做到"一起生活"，但是多少做到了较长期的当面接触。这类接触的确可以给我们对这些人的生活有观察的机会，但是问题是：观察些什么呢？

这问题不但跟我下乡的朋友要时常问我，我自己也不能逃避它。如果我是一个被雇的调查员，手边有张表格要填，那就容易了。而我又认为这种工作不是研究工作。以往我对这问题的答复是在书本里找理论的线索，书本的知识我并不缺乏，人类学和社会学的理论中有许多问题存在，尽够我们去翻覆辩论。我最初的研究工作是以 Tawney 教授在他书中所提出有关中国农村经济的理论作底子的，然后在实地观察中去证实或否定他的说法。我所写的《禄村农田》，及我在云南所指导的若干研究都是这样做成的。

我想我这样做，一方面固然比了"我抄你，你抄我"的研究方法可以说是进了一步，但是另一方面，我研究出发点却还是书本，而不是身受的具体问题。等到我在最近几年被这时势迫到非面对具体的切身问题不可时，我才发现这种研究方法大有缺点了。

这缺点和自然科学一比就可以明白了。譬如我一再讨论乡土工业的问题，在理论上，我觉得我可以自圆其说，在"学术性"的座谈中，我可以侃侃而谈，听的人也可能被我说动，这是书呆子所不会缺的本领。因为任何理论一定有一套前提，有了前提就可以依逻辑推论下去，得到自圆其说的结果。如果推论出来的结果不合事实，论者很可以说那是前提的问题，前提是假定的。一个要应付具体情况的人，就是那些要负责去安定农村经济的人却不能随意挑选任何前提。他是对一种设施的成败负责的，所以他要在理论所发生的实际结果中去认取理论的正确性，并不像我自己一般只要求理论上能自圆其说就可以满足了。这一点是现阶段的社会科学和自然科学不同的地方。自然科学的理论很快地要应用到技术上去，理论所根据的前提有一点问题就可以使飞机翻身。而社会科学呢？论者躲在书房里写文章，负有实际社会责任的人并不考虑他们的议论。这个脱节一方面使社会科学留落在学院的讲坛上，一方面使社会上实际问题的处理还是靠没有系统知识可以凭借的若干不一定有效的个人眼光和经验。这还是"英雄"的时代，不是"计划"的时代。

说到这里让我回到 Mayo 先生的那本书罢。经过了上面一番考虑，下面一段话读起来真是语重心长了。他说：

医生对病人负责任，化学家对他的方案的成功负责任。一切科学的企图里，虽则失败多于成功，我们可以看到，责任的接受和技术的发展是相伴而行的。我们这里所谓技术和文字上、辩论上的技巧不相同。这些口头上的花样，几千年来老是在争论和引用权威的名言中打圈子；很少取材于生活的事实。当前学校里通行的政治学教本还是满篇亚里士多德、柏拉图、马基凡利、霍布士的名言摘录以及别的书的作家的理论转载。化学家怎样会引用沙尔士和其他炼丹术士们的旧话呢？他所说的是根据他自己的技术和实验里能表证的能力。在社会学和政治学里似乎并没有同样的在一定情境和一定时间里去表证一项有用的技术的能力。我认为除非他们接受了去应付一个人或团体所构成的人事情景的责任,他们是不会有这种能力的。一个善于打牌的人并不只在事后长于讨论应当怎样打法,而是在向输赢负责,在台面上认真打牌。讨论和分析对于一个初学的人可以有帮助,如果他是准备上场参加赌博的。社会科学将永远像古代童话的辛得勒拉,被异父的姊妹们所虐待,一直到他穿着珠宝拖鞋,走上他冒险的路程。

我不避冗长地引用这段话,并不是"知法犯法"的去表证社会学者只会摘录名言。我想借这段话来说明科学和社会责任的密切关系。因为到现在还是有很多自称为学者的人,以清高来掩饰他的怯弱,把学术放在社会之外,忘却"责任"和"知识"的不能分离。所谓责任就是一个理论的正确与否必须在事实里表证的意思。打牌有输赢,打牌的人才认真,不然的话,他可以每次都做清一色,做不成反正没有关系。

从"责任"两字我认出了自己以往所做的研究工作的缺点了。我所研究的问题并不是从中国人民生活本土里发生的,我是用西洋学术里所发生的问题来指导我的工作方向,决定我所要观察的对象。我的文章可以发表在英美学术刊物上,引起英美学者的兴趣,但是和中国的实际情况,即使不是毫不相关,至少也是隔膜的,间接的,无关宏旨的。当然,我这种自责也可以应用到当前中国其他的学术工作上去。如果我说的是真话，这确是有关中国的学术的前途的大问题了。当这个学术界的活动特别热闹的季节，让我提出这问题来请关心学术前途的朋友们大家检讨一下。

我相信在目前的局面中，大多数的知识分子已经多少觉悟到自己对这局面无能为力的痛苦。我们似乎已被这大社会抛在冷宫里，说的话都是空的，没有人听，更不会转变局面。从客观立场看来，可以说现在中国的知识分子，尤其是学术和文化界的工作者，已失去了领导社会的能力。这种情形固然可以说是"秀才遇着兵，有理说不清"，但是回过来看，我们这些秀才们是否应当想想：我们的理为什么人家不听呢？是不是这些秀才先早就放弃了责任，没有把自己的理配合到社会生活上去之后，才使天下皆兵，各自从"试验—错误"的公式中寻求自己的路的呢？

说起来提倡科学已有了相当年月了。社会科学等一类名字也早就传来了。但是为什么到现在这些"知识"并不发生作用呢？很清楚的，现在的"兵"，对于制造飞机的"知识"，一点也不敢低视的。开飞机或坐飞机的人不能不听秀才先生所说的"理"，不听的话，就可以有性命之虞。但是对于经济学的"理"却显然不听了；甚至最近报上说上海有些洋商表示"经济问题还得依经济原理来应付"的希望。这个对照不能不使我们考虑到中国的社会科学本身有没有毛病的问题。依我上面所说推出来的回答是中国的社会科学和中国社会的实质并没有靠拢。因为社会科学里面所供给的知识并不能直接在中国的实际情况中表证它的正确性，以致这套知识一直被关在图书馆和课堂里。

有人说学术是没有国界的。这话自然是不错的。真理应当到处正确。但是问题是在应付每一个由历史和环境所构成的实际情况时所需要的"原理"却不相同。在纽约市场上，或是苏联集体农场上所实验出来的"原理"本身可以有超越时空限制的正确性，但是我们却不一定能用它来作应付中国经济问题的指导原则，因为所应付的实际情况不同，也就是说前提中所包括的条件不同。前提中所包括的条件是应用一个理论的根据，而这些条件，在社会现象中却是由历史和环境所形成的。硬要用一个在别的情况中归纳出来的原理去应付另一个情况里所发生的问题就犯了普通所谓"教条主义"的毛病了。而一个负有处理实际问题的责任的人决不能为了理论而自甘失败的。当理论不足以指导行动时，负责的人必然会另求靠傍，有的流于迷信，求神问卜；有的固执意志胜于一切的英雄主义；有的一任运命去摆布，心存侥幸。这一切都是缺乏"真知识"的结果。

一个社会科学工作者面对这个局面似乎应当有一番自省了。我决不愿把这历史的罪过加上这根基本来就不深的社会科学工作者的肩头，累积这一套有系统而且可以作应付实际情况指导的知识，原不是一朝一夕的事。但是，如果在这检讨中能发现自己以往的错误，也正可以从此走上一条比较正确的道路。我自己的反省使我感觉到社会科学如果要在中国发生它应有的作用，至少要做到以下几点：

（一）研究的问题必须要接受当前社会生活中所发生的实际问题。

（二）研究的材料必须要是直接在实际生活中得来的观察。

（三）研究的结果必须要用来去应付实际的问题，在应付实际情况里去表证或否定一项理论的正确性。

要实现这些条件，研究工作的形式也必须改造，是必须把学院和社会切实沟通，研究和行政打成一片。当然我明白目前的环境还不允许这种改造，但是我很相信 Mayo 教授所说的：除非社会科学者接受了处理社会的责任，社会科学将永远空洞无物，无关宏旨，而且将永远是个没有穿着珠宝拖鞋的辛得勒拉，也永远将受异父的姊妹们的虐待和藐视。

（原载《中建》第 1 卷第 6 期，1948 年 9 月）

1891—1962

胡适：演化论与存疑主义

1872 年 1 月 10 日，达尔文校完了他的《物类由来》第六版的稿子。这部思想大革命的杰作，已出版了十三年了。他的《人类由来》(The Descent of Man) 也出版了一年了。《物类由来》出版以后，欧美的学术界都受了一个大震动。十二年的激烈争论，渐渐的把上帝创造的物种由来论打倒了，故赫胥黎（Huxley, 1825—1895 年）在 1871 年曾说："在十二年中，《物类由来》在生物学上做到了一种完全的革命，就同牛敦的 Principia 在天文学上做到的革命一样。"但当时的生物学者及一般学者虽然承认了物种的演化，还有许多人不肯承认人类也是由别的物类演化出来的。人类由来的主旨只是老实指出人类也是从猴类演化出来的。这部书居然销售很广，而且很快：第一年就销了二千五百部。这时候，德国的赫克尔（Haeckel）也在他的 Naturliche Schpfungs Geschichte 里极力主张同样的学说。当日关于这个问题——物类的演化——的争论，乃是学术史上第一场大战争。十年之后（1882 年），达尔文死时，英国人把他葬在衙司敏德大寺里，与牛敦并列，这可见演化论当日的胜利了。

1872 年的六版的《物类由来》，乃是最后修正本。达尔文在这一版的第 424 页里，加了几句话：

  前面的几段，以及别处，有几句话，隐隐的说自然学者相信物类是分别创造的。很有人说我这几句话不该说。但我不曾删去他们，因为他们的保存可以纪载一个过去时代的事实。当此书初版时，普通的信仰确是如此的。现在情形变了，差不多个个自然学者承认演化的大原则了。（《达尔文传》二，第 332 页）

  当 1859 年《物类由来》初出时，赫胥黎在《太晤士报》上作了一篇有力的书评，最末的一节说：

  达尔文先生最忌空想，就同自然最怕虚空一样（"自然最怕虚空" Nature abhors a vacuum，乃是谚语）。他搜求事例的殷勤，就同一个法学者搜求例案一样。他提出的原则，都可以用观察与实验来证明的。他要我们跟着走的路，不是一条用理想的蜘蛛网丝织成的云路，乃是一条用事实砌成的大桥。那么，这条桥可以使我渡过许多知识界的陷坑；可以引我们到一个所在，那个所在没有那些虽妖艳动人而不生育的魔女——叫做最后之因的——设下的陷人坑。古代寓言里说一个老人最后吩咐他的儿子的话是："我的儿子，你们在这葡萄园里掘罢。"他们依着老人的话，把园子都掘遍了；他们虽不曾寻着窖藏的金，却把园地锄遍了，所以那年的葡萄大熟，他们也发财了。（《赫胥黎论文》二，第 110 页）

这一段话最会形容达尔文的真精神。他在思想史的最大贡献就是一种新的实证主义的精神。他打破了那求"最后之因"的方法，使人们从实证的方面去解决生物界的根本问题。

达尔文在科学方面的贡献，他的学说在这五十年中的逐渐证实与修正——这都是五十年的科学史上的材料，我不必在这里详说了。我现在单说他在哲学思想上的影响。

达尔文的主要观念是："物类起于自然的选择，起于生存竞争里最适宜的种族的保存。"他的几部书都只是用无数的证据与事例来证明这一个大原则。在哲学史上，这个观念是一个革命的观念；单只那书名——《物类由来》——把"类"和"由来"连在一块，便是革命的表示。因为自古以来，哲学家总以为"类"是不变的，一成不变就没有"由来"了。例如一粒橡子，渐渐生芽发根，不久满一尺了，不久成小橡树了，不久成大橡树了。这虽是很大的变化，但变来变去还只是一株橡树。橡子不会变成鸭脚树，也不会变成枇杷树。千年前如此，千年后也还如此。这个变而不变之中，好像有一条规定的路线，好像有一个前定的范围，好像有一个固定的法式。这个法式的范围，亚里士多德叫他做"哀多斯"（Eidos），平常译作"法"。中古的经院学者译作"斯比西斯"（Species），正译为"类"（关于"法"与"类"的关系，读者可参看胡适《中国哲学史大纲》上卷，第206页）。这个变而不变的"类"的观念，成为欧洲思想史的唯一基本观念。学者不去研究变的现象，却去寻现象背后的那个不变的性。那变的，特殊的，个体的，都受人的轻视；哲学家很骄傲的说："那不过是经验，算不得知识。"真知识须求那不变的法，求那统举的类，求那最后的因（亚里士多德的"法"却是最后之因）。

十六七世纪以来，物理的科学进步了，欧洲学术界渐渐的知道注重个体的事实与变迁的现象。三百年的科学进步，居然给我们一个动的变的宇宙观了。但关于生物、心理、政治的方面，仍旧是"类不变"的观念独占优胜。偶然有一两个特别见识的人，如拉马克（Lamarck）之流，又都不能彻底。达尔文同时的地质学者，动物学者，植物学者，都不曾打破"类不变"的观念。最大的地质学家如来尔（Lyell）——达尔文的至好朋友——何尝不知道大地的历史上一个时代有一个时代的生物？但他们总以为每一个地质的时代的末期必有一个大毁坏，把一切生物都扫去；到第二个时代里，另有许多新物类创造出来。他们始终打不破那传统的观念。

达尔文不但证明"类"是变的，而且指出"类"所以变的道理。这个思想上的大革命在哲学上有几种重要的影响。最明显的是打破了有意志的天帝观念。如果一切生物全靠着时时变异和淘汰不适于生存竞争的变异，方才能适应环境，那就用不着一个有意志的主宰来计划规定了。况且生存的竞争是很惨酷的；若有一个有意志的主宰，何以生物界还有这种惨剧呢？当日植物学大家葛雷（Asa Gray）始终坚持主宰的观念。达尔文曾答他道：

我看见了一只鸟，心想吃他，就开枪把他杀了：这是我有意做的事。一个无罪的人站在树下,触电而死,难道你相信那是上帝有意杀了他吗?有许多人竟能相信;我不能信,故不信。如果你相信这个,我再问你:当一只燕子吞了一个小虫,难道那也是上帝命定那只燕子应该在那时候吞下那个小虫吗?我相信那触电的人和那被吞的小虫是同类的案子。如果那人和那虫的死不是有意注定的,为什么我们偏要相信他们的"类"的初生是有意的呢?(《达尔文传》一,第284页)

我们读惯了《老子》"天地不仁"的话,《列子》鱼鸟之喻,王充的自然论——两千年来,把这种议论只当耳边风,故不觉得达尔文的议论的重要。但在那两千年的基督教威权底下,这种议论确是革命的议论;何况他还指出无数科学的事实做证据呢?

但是达尔文与赫胥黎在哲学方法上最重要的贡献,在于他们的"存疑主义"(Agnosticism)。存疑主义这个名词,是赫胥黎造出来的,直译为"不知主义"。孔丘说:"知之为知之,不知为不知,是知也。"这话确是"存疑主义"的一个好解说。但近代的科学家还要进一步,他们要问,"怎样的知,才可以算是无疑的知"?赫胥黎说,只有那证据充分的知识,方才可以信仰,凡没有充分证据的,只可存疑,不当信仰。这是存疑主义的主脑。1860年9月,赫胥黎最钟爱的儿子死了,他的朋友金司莱(Charles Kinsley)写信来安慰他,信上提到人生的归宿与灵魂的不朽两个大问题。金司莱是英国文学家,很注意社会的改良,他的人格是极可敬的,所以赫胥黎也很诚恳的答了他一封几千字的信(《赫胥黎传》一，第233—239页)。这信是存疑主义的正式宣言，我们摘译几段如下：

……灵魂不朽之说，我并不否认，也不承认。我拿不出什么理由来信仰他，但是我也没有法子可以否认他。……我相信别的东西时，总要有证据；你若能给我同等的证据，我也可以相信灵魂不朽的话了。我又何必不相信呢？比起物理学上"质力不灭"的原则来，灵魂的不灭也算不得什么稀奇的事。我们既知道一块石头的落地含有多少奇妙的道理，决不会因为一个学说有点奇异就不相信他。但是我年纪越大，越分明认得人生最神圣的举动是口里说出和心里觉得"我相信某事某物是真的"。人生最大的报酬和最重的惩罚都是跟着这一桩举动走的。这个宇宙，是到处一样的；如果我遇着解剖学上或生理学上的一个小小困难，必须要严格的不信任一切没有充分证据的东西，方才可望有成绩；那么，我对于人生的奇秘的解决，难道就可以不用这样严格的条件吗？用比喻或猜想来同我谈，是没有用的，我若说，"我相信某条数学原理"，我自己知道我说的是什么：够不上这样信仰的，不配做我的生命和希望的根据。……

……科学好像教训我"坐在事实面前像个小孩子一样；要愿意抛弃一切先入的成见；谦卑的跟着'自然'走，无论他带你往什么危险地方去：若不如此，你决不会学到什么。"自从我决心冒险实行他的教训以来，我方才觉得心里知足与安静了。……我很知道，一百人之中就有九十九人要叫我做"无神主义者"（Atheist），或他种不好听的名字。照现在的法律，如果一个最下等的毛贼偷了我的衣服，我在法庭上宣誓起诉是无效的［1869（年）以前，无神主义者的宣誓是无法律上的效用的］。但是我不得不如此。人家可以叫我种种名字，但总不能叫我"说谎的人"。……

这种科学的精神——严格的不信任一切没有充分证据的东西——就是赫胥黎叫作"存疑主义"的。对于宗教上的种种问题持这种态度的，就叫作"存疑论者"（Agnostic）。达尔文晚年也自称为"存疑论者"。他说：

科学与基督无关，不过科学研究的习惯使人对于承认证据一层格外慎重罢了。我自己是不信有什么"默示"（revelation）的。至于死后灵魂是否存在，只好各人自己从那些矛盾而且空泛的种种猜想里去下一个判断了。（《达尔文传》一，第277页）

他又说：

我不能在这些深奥的问题上面贡献一点光明。万物缘起的奇秘是我们不能解决的。我个人只好自居于存疑论者了。（同上书，第282页）

这种存疑的态度，五十年来，影响于无数的人。当我们这五十年开幕时，"存疑主义"还是一个新名词；到了1888年至1889年，还有许多卫道的宗教家作论攻击这种破坏宗教的邪说，所以赫胥黎不能不正式答辩他们。他那年作了四篇关于存疑主义的大文章：

（一）论存疑主义；

（二）再论存疑主义；

（三）存疑主义与基督教；

（四）关于灵异事迹的证据的价值。

此外，他还有许多批评基督教的文字，后来编成两厚册，一册名为《科学与希伯来传说》，一册名为《科学与基督教传说》（《赫胥黎论文》，卷四、卷五）。这些文章在当日思想界很有廓清摧陷的大功劳。基督教当十六七世纪时，势焰还大，故能用威力压迫当日的科学家。葛里略（Galileo）受了刑罚之后，笛卡儿（Descartes）就赶紧把他自己的《天论》毁了。从此以后，科学家往往避开宗教，不敢同他直接冲突。他们说，科学的对象是物质，宗教的对象是精神，这两个世界是不相侵犯的。三百年的科学家忍气吞声的"敬宗教而远之"，所以宗教也不十分侵犯科学的发展。但是到了达尔文出来，演进的宇宙观首先和上帝创造的宇宙观起了一个大冲突，于是三百年来不相侵犯的两国就不能不宣战了。达尔文的武器只是他三十年中搜集来的证据。三十年搜集的科学证据，打倒了二千年尊崇的宗教传说！这一场大战的结果——证据战胜了传说——遂使科学方法的精神大白于世界。赫胥黎是达尔文的作战先锋（因为达尔文身体多病，不喜欢纷争），从战场上的经验里认清了科学的唯一武器是证据，所以大声疾呼的把这个无敌的武器提出来，叫人们认为思想解放和思想革命的唯一工具。自从这个"拿证据来"的喊声传出以后，世界的哲学思想就不能不起一个根本的革命——哲学方法上的大革命。于是19世纪前半的哲学的实证主义（Positivism）就一变而为19世纪末年的实验主义（Pragmatism）了。

（原载《胡适文选》，亚东图书馆1930年版）

1899—1967

潘光旦：一种精神，两般适用

二十六年多以前的五四运动和新思潮运动提出了两个目标：一是赛先生，即科学；二是德先生，即民主。科学与民主，表面上是两回事，是文明生活的两个不同的方面，就基本的精神说，实在是一回事，是一种精神适用到了两个生活的方面。

所谓一种精神，最可以概括的是"客观"两个字。把客观的精神适用到人以外的事物上去，从自然的事物，如声、光、电、化、植物、动物，包括人之所以为动物在内，到社会与文化的事物，如一切人群关系、典章制度，其结果就是各门的自然科学与社会科学。大抵绝对的客观是不可能的，因为科学家也是人，人有人性，人有人的气息，被客观研究的事物对象多少不免沾染到一些人的气息。不过谨严的科学家总是竭力的设法，使主观的成分得以避免或减少到最低的限度，总是设身处地的让事物自己把它们的内容表露出来。所以对事物的客观也就有人叫作"物观"，似乎比"客观"两字更来得贴切。科学家的最基本的一般努力，是要做到最可能的"以物观物"的程度，而不是"以人观物"，更不是"以我观物"。三百年来，这一类的努力是相当的成功的，特别是在自然的事物一方面。我们终于揭发了天地之蕴，终于能驾驭一大部分的力量，为我们所用。用得妥当不妥当，运用的结果是否全都能为人类造福，固然是另一问题。但适用客观精神的结果，先之以清切的了解，继之以有效的控制运用，规模之大、成就之多是人类有史以来不曾有过先例的。这是题目中所称两般适用的第一般。

第二般是把同样的精神适用到人，适用到实际的人事，特别是关于团体生活的人事。这种精神到如今还没有现成的名词，最近情的还是"民主"。如果我们可以创一个新名词的话，我们不妨用"民观"两个字。"民观"就相当于对于人事以外的事物的"物观"。我们应付人，如果应付的目的端在科学的了解，我们当然一样的适用"物观"的精神，不过这种应付的行为是专属研究范围的，应付的结果可能是一门关于人的自然科学，或一门社会科学，或一门人文科学，说已见上文。但人不只是一种研究的对象（凡属被研究的对象，在被研究的时候，对于研究者，是不作反应或被假定为不作反应的；至于对研究条件或研究时所用的刺激的反应，所在而有，那当然是另一回事），而同时也是一个感应的对象。人与人之间有交相感应的关系，而交相感应之际，或相与往还之际，要它融洽，要它各如其分、各不相亏，也需要一种客观的精神，这精神我们姑且叫作民观，以别于完全为研究用的物观。

"民观"二字虽见得生硬，其所指的精神却很早就有人见到。例如，最古老的两句民本思想的话，"天视自我民视，天听自我民听"，"天"字虽有神道设教的意味，其目的也无非是要执掌政权的少数人尽量的尊重民意，尽量的以民众的耳目为耳目，以民众的好恶为好恶，以民众的旨趣为旨趣。这就和民观的意思很相接近了。至于《左传》把"明"与"恕"并称、《论语》讲"明"与"远"、《大学》说去"辟"、荀子主"解蔽"，所用的都是这一条路线上的功夫。再举一个实例说，在以前科举取士的时代，较大的省会所在地必有贡院，贡院的前后进必有三大建筑，第一进是"明远楼"，其次是"至公堂"，最后是"衡鉴堂"，是全国一律的。科举是抡才大典，考试是抡才的方式，目的在为国家选拔真才。才能是一个客观的东西，才能的有无多少，决不是一二考官的主观与私意所得而任情增损、随意取舍，所以一则曰明远，再则曰至公，三则曰衡鉴，务要考官们，从接纳考生起到阅卷发榜止，始终维持一个最客观的态度。这在字面上虽若和民观的名词毫无关系，其实际的精神是很显然的民观的。人才由民间出，应考的人民是什么就是什么，有多少聪明才智就有多少聪明才智，"是什么"是一个流品或质的问题，"有多少"是一个程度或量的问题，说"衡鉴"，"是什么"要鉴，"有多少"要衡。做考官的必须承认这个，拳拳服膺这个，决不能以意为之的以为什么就算什么，以为有多少就算多少。科学家观察与衡量人身以外的事物时，所用的不就是这种精神么？观察与衡量也不就等于衡鉴么？当初的科举考试制度是否真能如是其民观，那是另一问题；不过在建立这个制度的时候，有人看到这种精神的重要，并且进而得到许多人的公认，却是一个事实，不容抹杀的。至于真才选出之后，才的发挥也就相当于科学范围以内的力的运用，从"知人则哲"到"使贤任能"，好比理工范围以内的从理论研究到实际应用，也同有其从"学"而进于"术"的自然程序，是无烦多说的。

人是群居的动物，人也是变异最多的动物，人也是有相当自由选择能力的动物，唯其群居，而此其所以为群，又和蜂蚁之所以为群不同，其分子之间，在智能、兴趣与意向上，有极复杂的差别，于是政治就成为人生最大问题之一，可能是唯一最大的问题。狭义的政治是政治科学上所称的政治。广义的政治则包括群居生活的全部，即群居生活的各方面的处理是。群居生活，包括狭义的政治在内，无论在何种体制之下，总牵涉到两种人：一是掌握政权或居领导地位的少数人；二是接受管理和处随从地位的大多数人。根据一部分人的理想，一切社会阶级前途可能消灭，但这个最低限度的双重分化大概是取消不了的。固然，我们充分的承认，这双重分化中的分子决不是永远不变的，那领导的决不会永远的领导，随从的也决不会永远的随从，而是彼此之间不断的流动的，即社会学者所称的社会流动是。我们也承认，流品既不止一二个，群居生活也不限于一二方面，在同一时期内，领袖于此方面的可能随从于彼，或适得其反。总之，天下没有生来只配领导而一贯领导的人，或此种人的集体，也没有生来只配随从而一贯随从的人，或此种人的集体。

不过问题的发生，就任何一个横断的时代说，就在群居生活里总有这两种人的存在。这两种人的关系如何而可以最调适、最融洽，如何而可以使交相感应的作用发生得最灵活、最有效，特别是就领导者对随从者的感应说，因为他有权柄，容易滥用误用——这便是政治问题的核心了。广义的政治如此,狭义的政治尤其如此。上文所提到的知人、选贤、任能的问题不过是这问题的一个部门而已。

政治的目的是要得到上文所说的两种人之间的高度的调适。我们的话不妨再从科学说起,科学的目的也无非是要取得调适,就是人在宇宙之间的调适。人要和自然环境调适,于是就有自然科学。要和目前的社会文化调适,于是有社会科学。又要和历史经验调适,于是有人文科学。我们都知道,特别是在自然环境一方面,三百年来,调适的程度已经着实增加了不少。这比较高度的调适是怎样来的?是适用了物观的精神来的。科学家,先之以物理的本然的了解,继之以物力的自然的运用,终于教人类在环境中取得了更进一步的安所遂生的程度。安所遂生,就是调适,也就是我时常说到的"位育"。理工的种种技术中间,在不察的人看来,总像包含着不少的人为的强制的成分,不少的故作聪明的成分。其实不然,大大的不然。物理自有其本然,自有其法则,岂是人力所能违拗?人懂了物理,顺了物理,便可多少加以聚散分合,加以控制纵送,却不能加以强制。许多人,包括一部分浅见的科学家在内,动辄侈言"征服自然",那更无异于痴人说梦、妄自尊大!强制与征服的看法都是错误的,而其错误正坐物观的精神还是太欠缺,我深怕此种欠缺迟早将成为科学进步的一大障碍,且不免贻人类以无穷的忧戚。

如今政治的目的是在取得人与人之间的调适,特别是一时领导的人与随从的人之间的调适。领导的人好比科学家,而民众好比研究与运用的事物对象。政治家的任务就在清切的观察与了解民众的本来面目,包括上文所说的智能、兴趣、欲望、意向在内,从而有效的激发与运用民众中间蕴蓄着的无限的力量,使群居生活的富强康乐与和平创造得以提高其程度、扩展其境界。人理好比物理,也自有其本然,决不容以黑为白、指鹿为马。人力也好比物力,动态与静态之间也有其遵循的法则,可容顺适的安排调遣,合理的控制运用,而绝对的不容强制、不容征服,亦即不容剥夺抹杀。这就又回到上文民观的议论了。到此,上文所暂用的"领导"与"随从"的字样就不再合用,因为,如果政治的民观真能到此境地,则表面上虽像民众跟了政治家走,实际上是政治家跟了民众走。民众的智能、兴趣、欲望、意向、见解、理想成了一切政治活动与政治设施的最终的权威。到此,民观的政治也就等于民主政治,名异而实同了。

说到谁领导谁,有一个比喻是很可以发深省的。在民主国家,民众是主人,官吏是公仆。好比坐人力车,坐车的不能不算居主人的地位,而拉车的则居仆人的地位。车在街上走,总像是车夫领导着,时而左,时而右,时而快,时而慢,坐车的由他拉,甚至于好像是由他摆布。实际上这领导权决不在车夫身上,而在坐车的人身上。从甲街到乙街,是坐车的人的主意,不是拉车的人的主意,拉车的人自己没有主意,也不应当有主意。与其说是拉车的人把坐车的人拉到了乙街,毋宁说是坐车的人把拉车的人拉到了乙街,拉车的人自己并不要到乙街,是坐车的人拉他去的。政治家如果懂得这个最简单的比喻,对于民观的政治也就思过半了。

这便是题目中所称两般适用的第二般。适用的场合虽有不同,精神只是一个,就是客观。在治学的场合里既有人分别叫作物观,在治人的场合里我们也不妨另外叫作民观。《国语》上有一段富有民观意味的故训是二千年来谁都知道而至今还没有真能实行的,就是召公谏周厉王不要止谤的一番话。我姑且不厌重复的征引一下做一个结束:"厉王虐,国人谤王,召公告王曰,民不堪命矣。王怒,得卫巫,使监谤者,以告,则杀之。国人莫敢言,道路以目。王喜,告召公曰,吾能弭谤矣,乃不敢言。召公曰,是鄣之也;防民之口,甚于防川,川壅而溃,伤人必多,民亦如之。是故为川决之使导,为民宣之使言……而后王斟酌焉。是以事行而不悖。民之有口也,犹土之有山川也,财用于是乎出;犹其有原隰衍沃也,衣食于是乎生;口之宣言也,善败于是乎兴;行善而备败,所以阜财用衣食者也。夫民虑之于心,而宣之于口,成而行之,胡可壅也?若壅其口,其与能几何?"召公这话,原只是一番比论,比论是古代最通行的一种理论方法,没有很多的价值的。不过我们现在读去,不能不觉得这比论是一个很巧的凑合,一个物理与人理的凑合,召公至少知道川不应壅而应导,是多少懂得一些物理的本然与物力的自然的,也是多少能用物观的精神来应付水的。他也知道口不应防而应宣,是多少懂得一些民理的本然与民力的自然的,也是多少能把民观的精神适用到治道的。召公只知道二事有些仿佛,大可相提并论，我们却不妨把他的话当作"一种精神，两般适用"的最早而最有趣的一个象征。

标榜了二十六七年的科学与民主在中国的实际情形又是怎样呢？科学的成绩，我们不能说没有，特别是在抗战前的几年里，民主的成绩却很是可怜了。照上文的说法，科学与民主既然是一种精神的两般适用，则岂不是既有其一便应有其二么？又何以丰啬颇有不同呢？这其间的原因不止一个，而其中最大的一个，我以为就在当初从事于新思潮运动的人没有能够把"一种精神，两般适用"的道理清楚的见到，拳拳的服膺，不厌辞费的把它指点出来，使成为运动的核心。唯其没有，所以那号称具有历史性的运动始终只是一个冲动性的运动，没有能把握住一般人的想象力，更没有能激发更多的人作比较长期而有组织的努力，使运动中人自己所得到的感召也有限而未能持久。也唯其没有，所以一部分运动中人与后起的青年虽有不少成为科学家的，而对于他们，科学只是科学，科学始终是他们唯一的"岗位"、唯一值得致力的园地，好像客观的精神单单适用于各个狭窄的学科的领域，而与政治渺不相涉似的。他们不但不为民主政治出一分力量，他们根本不问政治。科学家，或半生教读，或尽瘁研究，对政治真有如秦人之视越人肥瘠。如果门下的青年学生对政治表示几分兴趣，他们不特不加指导诱掖，使其应有的热情理想得与其专业的陶冶并行而协调的发展，反而认为是多事，是不守本分，是兴风作浪，从而加以漠视，甚或加以申斥。不过这一部分的科学家，对于科学，可能还是能体用兼赅的，即于本行的理论与技术之外，还能兼顾到一般的科学精神的。可惜此种精神的表现又往往犯所谓自画的通病，即往往只以本人的专门科目或少数有关的科目为限，一出实验室，一离开书本，一放下数字，便是他们的"道德的放假日子"了。至于另一部分的科学家似乎仅仅注意到科学应用，科学的技术，穷则可以经营企业，独善其身，达则希望富国强兵，利兼天下，根本谈不到科学还有什么比较抽象的精神，对一般的人生还有什么陶熔的力量，那就更自郐而下了。也正唯当初没有把"一种精神，两般适用"的道理弄清楚，所以运动中人，以至于受其感召的后起的青年，虽也有不少加入实际政治的，而历年以来，对于政治的民主化曾无丝毫补益。他们中间也有不少以政治家的地位提倡科学的，但多番运动、几纸宣言、一大堆政令的结果，也无非是提倡科学的技术，着重科学对于国防与工业化的关系而已，和科学家的客观精神的培植不大相干，和此种精神的足以影响人群关系，促使从政的人能日趋于"民观"，及一般的民众因而日趋于自觉自主，更是风马牛之不相及。

总之，从本文的立场看，五四运动与新思潮运动可以说是失败了的，失败在科学的物观的客观精神没有能产生政治的民观的客观精神。二十六七年来政治局面的未能清明，未能踏上民主的道路，便是失败的一个铁证，而失败的责任要由政治人物与科学家分别负担。科学家所负的可能要在一半以上，因为政治人物虽未必了解民观的精神，而科学家对于物观的精神，决不能诿说不了解，了解而不能推广，不能充其类，便是他们的责任了。不过既往的不说，更不必归咎何人，第二次世界大战的经验也已经足够再度给我们一个教训了。这教训就是，单单注意技术的科学，以至于单单提倡精神上不能和政治发生联系的科学，无论强勉的成功到何种程度，是无补于国家民族的危亡的。墨索里尼何尝不知道利用科学的技术？日本的军阀与野心家也何尝不知？希特勒与其爪牙，以至于整个的德国民族，更是这方面的第一流老手。这三国的科学家，虽不自爱惜、为虎作伥，但也何尝不了解一些上文所称的自画的科学精神与科学方法？试问，这半年来身受相当于亡国的痛楚而大为天下僇笑的又是谁来。［此文初稿作于 1945 年 5 月 1 日，上距苏联军队开始包围柏林七日（4 月 24 日）、意大利游击队控制米兰和都灵击杀墨索里尼五日（4 月 26 日）、德国希姆莱表示愿向英美提出无条件投降与希特勒失踪三日（4 月 28 日）。］

（原载《客观》第 1 卷第 12 期，1946 年 2 月）

临大合 ?

第一篇 科学与人文
科学精神与人文精神五讲

1937—1946

1895—1990

钱穆：略论中国科学（一）

中西科学有不同。中国科学乃人文的，生命的，有机的，活而软。西方科学乃物质的，机械的，无机的，死而硬。有巢氏构木为巢，燧人氏钻木取火，建筑烹饪长期发展，亦人文，亦艺术，但不得谓之非科学。自房屋建筑，进而有园亭，有山林名胜，有河渠桥梁，深发自然风情之结构，遍中国精美绝伦者到处有之，谓非有一种科学精神贯彻其中，又乌克臻此。但在中国学术界，无独立科学一名称，亦曰"人文化成"而已。故在中国，乃由人文发展出科学。在西方，则由科学演出为人文。本末源流，先后轻重之间，有其大不同。

烹饪为中国极高一艺术，举世莫匹。但烹饪中亦自有科学。即论茶之一项，自唐以来千数百年，其种植、其剪采、其制造、其烹煮，又如茶垆、茶壶、茶杯种种之配备，以及各地泉水之审别，茶品之演进，与夫饮茶方法之改变，饮茶场所之日扩日新，苟写一部中国饮茶史，亦即中国社会史人文史中重要一项目。其处处寓有科学方法贯彻其内，则亦可谓与中国科学史有关。

神农尝百草，为中国医学之开始。中国医学之对象，为人之整体一全生命。西方近代医学则必自尸体解剖入门，其视人身亦如一机械。各器官则如机器中各零件，医学即修理此各零件，而似乎忽视了整体生命一认识。西方医学亦知有血脉，但无"气"之一观念。人之一切知觉记忆，则在人身之脑部，而无中国"心"之一观念。中国人所谓心，非指胸口之心房，亦非指头上之脑部，而所指乃人之整体全生命之活动。此观念亦为西方人所无。

依中国人观念言，一身之内，气属形而下，心属形而上，此则仍是一种人文观。若就自然方面观，以宇宙整体言之，则气属形而上，心应属形而下。此则中国医学可通于西方之哲学神学，而与西方医学转有不同。司马迁言"究天人之际"。人身为一整体全生命，此属小生命。宇宙亦为一整体全生命，则属大生命。故中国医学属生命的，即犹谓中国科学乃生命的。而西方科学则显属非生命的，此则中西科学之大异处。

中国医学主要在切脉，方寸之脉之跳动，即可测知其全身，而病况由以见。西方人诊病则必分别人身各部位各器官而加以判定。故中国医学乃生命的、有机的，而西方医学则属机械的、无机的。

中国医学之用药亦主有机的。神农尝百草，百草亦各有其生命，生命可与生命相通，故用草为药可以治人病。西方人视人身如一机器，属无机的，故其用药亦用无机的，由化学制成。此"有机"、"无机"一分别，依中国人观念言，可谓科学亦当本源于哲学，但西方则分别为两种学问。中国乃无独立之科学，亦无独立之哲学，一切知识贵能会通和合，乃始成其为学问。

中国人又有静坐养气养神，以延年益寿之术。养神即养其心，心亦即是神。西方人则唯知运动健身，不知静坐养神，此又观念不同而方法亦随之不同之一例。中国人又能在静坐中预知外面事，如宾客远道来访，未到门，而坐者早知之。此事古今皆有，但既非科学，亦非哲学，今人则称之谓神秘。唯生命既可与生命相通，则预知宾客来访，亦非神秘。但中国人则认为非人文要道所寄，故虽有其事，唯任其偶而有此发现，置不深究。

人之心神既可与远道宾客相交接，乃亦可与死者心神相交接。死生界限，迄今仍难定。又如客死他乡，其生命机能或未骤绝。中国有辰州符，念咒焚符，使死者随其步行，历数日数百里之遥，抵达死者家门，乃始倒地不起。此事极神秘，但非人文要道，中国人乃亦置不深究。但论其始，必有人先通此术，乃以传人。其如何得通此术，倘详述经过，亦一绝大科学问题，不得谓之乃神怪。

今姑称之为通神之术，此种通神之术，中国到处皆有。即如堪舆风水，选择墓地，皆用之。余有一友，学西方交通测量之术。有一仪器，持在手中，可测地下水道水量。对日抗战时，奉命测量云南道路，逢古坟墓，树木旺盛者，试测之，乃知其地下必有大量水流。询其子孙，必尚旺盛。逢古坟墓，树木凋枯者，试测之，其地下水流必已枯竭。询其子孙，亦必凋零，或无后继。然则坟墓风水岂不显与后代子孙有关，但堪舆家又何从得知，岂不近似西方近代之科学。但中国无科学之名，故亦可称之为一种通神术。而今人则一依西方科学观念，称中国堪舆风水为迷信，为不科学。今称"通神"二字亦不科学。实则中国即人文大道，亦主通神。宋儒张横渠所谓"为天地立心，为生民立命"是也。此乃"往圣之绝学"，所以"开万世之太平"者。是则中国之人文大道，圣学精华，亦可谓乃是一种通神之高层科学矣。

大禹治水，又是中国科学史上一绝大工程。中国以农立国，农田灌溉，水利工程，最所重视。洪水泛滥则为害。在大禹前，当早知有水利，而泽水乃益见其为害。此下水利水害问题，乃中国人文学中一大条目，亦即中国科学史上一大要项。战国秦李冰父子，为四川岷江凿离堆，除水害，兴水利。两千年来，承续修理，史迹昭然。胡渭之一部《禹贡锥指》，中国四千年来，黄河之水利水害，亦昭揭可知。又如自元以下之运河，北起通州，南迄杭州，运河之水或自高向低，或自低向高，五六百年来之国计民生，所赖实大。此非中国科学史上之一绝大成就乎。唯中国学者则一以此等尽纳入治平大道中，而不成为一项独立之科学工程，如是而已。

大禹治水以下，周公制礼作乐，又为中国人文史上一绝大创造。礼乐中皆含有科学。有礼器，有乐器。礼器有鼎彝，永传为中国之最佳艺术品。乐器有金、石、丝、竹、匏、土、革、木八项，逐项制成乐器，皆赖科学。但何以必"金声而玉振之"，则乃艺术，非科学。但中国仅称一"乐"字，无艺术科学之名。后人又谓"丝不如竹，竹不如肉"。因丝属器声，竹则人与气经竹管以成声，肉则是纯是人声。贵能从人心中直接露出，乃始为音乐之上乘。中国音乐，人声为主，器声为副。西方音乐，则似以器声为主，人声为副。本末源流，先后轻重，又各不同。

中国音乐又以辞为主，声为副。《古诗三百首》，皆求语语直接出自人心肺腑中，又能语语深入人心肺腑中。传至今三千年，读其辞，仍能感人心，不啻若自其口出，亦不啻若自其心出。《离骚》、《楚辞》继之，亦然。汉乐府及五言古诗、唐诗、宋词、元曲亦莫不皆然。皆配以声，附以气，但必以辞为主。辞则必以心为主。如汉赋之务为堆砌炫耀，所争在字句上，则雕虫小技，壮夫不为。此则中国一套大哲学，科学、艺术、文学一以贯之，而科学转见为末矣。自明代昆曲以至近代之平剧，亦一贯相承，乐声仅为副，人声、心声、歌声始为主。一歌一唱，皆能深入人心。剧中人事，亦皆由此选定，皆重在剧中当事人之心，而遂以感通听众之心，此乃成为中国之艺术。剧场中一切表现，皆配有科学，隐于一旁，似可无见。

抑且古代少事物侵扰，其心纯深，故易感。后世事物侵扰多，其心杂而浮，则不易感。今则为科学世界，唯见物，不见心。而又提倡通俗白话新文学，皆由当前事物充塞，不见作者心，又何以感读者心，今人乃竟有称之为短命文学者。非求通神，仅求过目。能传数十年，斯可名震一世矣。文学如此，其他亦然。

礼又有衣裳冠履之制。衣裳冠履皆成自科学。中国之丝织品亦科学，而成为一种高尚之艺术。西方人亦有衣裳冠履，但多成为商品。中国人衣裳冠履从人文大道中来，亦修齐治平一要项，非为经商。如观平剧，衣裳冠履皆以见人品，非可随便使用。又如女性美，在其一颦一笑，一顾一盼上，不在其涂唇画眉上，服装则尤其次。故平剧化装，乃可一成不变，盖亦有礼意存焉。故周公之制礼作乐，其深意所存，乃在后代中国人之永久追寻中。

先秦诸子早期有墨翟，公输般为攻城之器九，而墨翟九破之。墨翟又能为木鸢飞空，三日不归，则墨翟乃中国当时一大科学家。《墨经》中所传有关科学之义理，颇有与近代西方科学相似处。然攻城灭国，非中国人文大道之所重，后世遂少公输般、墨翟其人。三国时诸葛亮凿修剑门栈道，又为木牛流马，以利运输。道路交通，古今所重，剑门栈道今犹存在，木牛流马则终废弃。可见中国科学上之发明，有递相传袭，续有进步者。有弃置不理，终成绝响者。此见科学亦必融入人文大道中，不能独立见重。

先秦诸子中期有邹衍，会通儒家人文，道家自然，创为阴阳家言。"一阴一阳之谓道"，其言实求本于天道以言人道，主要在言金、木、水、火、土五行，实皆科学。惜其书已失传。今姑据《吕氏春秋·十二纪》、《小戴礼记·月令》及《淮南子·时则训》言之，此亦五行家言之主要一端。汇合天文、地理、有生、无生，而一以人事为主，又一以农业为主，本于历法，分一岁十二月为二十四节气，使务农者知所从事，而其他生产工业亦旁及焉。又推而上之于国家之政令。自然科学、人文科学、社会教育、日常人生一体兼顾，亦可谓中国学术思想共同理想所在之一例。宜其言为此下儒、道、杂诸家均所采用，而有迄今两千年仍奉行不辍者。

又如历法，西方用阳历，中国用阴历，但亦不得谓阴历不科学。抑且阴历中亦兼用阳历。若依阳历，日南至日长至当为一年之首。故中国俗言冬至夜大过大年夜。但中国重农事，春耕、夏耘、秋收、冬藏，一年必以春为开始，而冬至则冬未尽，春未到。故孔子言"行夏之时"。汉以后，历代正朔皆奉夏历。观于《吕览·十二纪》《小戴礼记·月令》《淮南子·时则训》，则中国之历法不仅与人生习惯息息相通，亦与政府法令处处相关。中国之阴历，其意义价值，已融入中国之全人生。唯阴历亦有其缺点，如一岁十二月，又补以闰月是已。今改用阳历，亦非不科学，而于中国之传统人生则终有失其调和处。故政府虽行阳历，而民间则仍多沿用阴历。毛泽东一尊马、恩、列、史，而民间亦仍过阴历年，不过阳历年。则人文传统之难合处，有不知其然而然者。西方阳历应以冬至为易岁大节。而耶教盛行，乃改尊耶稣诞辰，其距冬至不过数日之遥。则西方之尊耶诞，其为科学，抑为人文。尊科学，又岂得拒外人文于不顾，此又深值讨论一问题矣。

邹衍又言"五德终始"，其指导上层政治者，谓自古无不亡之国。其言深有理，乃在劝帝王之禅让。而权臣乃利用之以篡弑，先之有王莽，继之有曹操、司马懿，为世大诟病。其学因此不行，其书亦失传。然其流传社会下层者，则如上述医学、堪舆之类，及其他诸端，仍传习不衰。今日国人之所讥为迷信不科学者，则几乎胥与旧传阴阳家言有关。

孔孟儒家主言人道，庄老道家主言天道。《中庸》《易传》则主以人道上通于天道，兼采道家言，犹不失儒家之正统。故两书皆主提挈向上，发挥一共通道理。阴阳家言则主以天道下通人道，然舍人道则天道又何由定。故其言多放散向下，流于逐事逐物之博杂上去，而不免于人类内心之深处有疏忽，此则其缺失所在。西方自然科学，无以定人道，仅求供人用。西方宗教家言，亦无以定人道，仅求减人之罪恶。而政教分离，终成一大病。中国阴阳家言，其大路向已不如儒道两家之精深而宏大。然人文终不能脱离自然而独立。生由自然，死归自然，人生终在大自然中，同是一自然。阴阳家本自然讲求人生，其说而中者仍不少。即上论中国通神之学，亦多本于阴阳家言。虽宗主有失，但亦不得谓其全无得。今求研讨中国科学史，则中国阴阳家言亦仍值再作研讨。

秦代有蒙恬，传为笔之发明人。笔之发明当在前，而在不断发明过程中，蒙恬或为其一人。中国有文房四宝，曰笔、曰墨、曰纸、曰砚，此亦皆一种科学发明。如笔有羊毫、有狼毫、有兔毫、有兼毫，于多兽中独取此羊、狼、兔三兽之毫。《中庸》曰"率性之谓道"，诸毫皆有性，择其性相宜者以制为笔，以通于操笔作书者之性，则此造笔者亦可谓其有通神之技矣。

又纸与墨与砚，皆必与笔之物性相通，乃得成其妙用。而造纸之术则尤多变。观于中国之文房四宝，乃知中国人之善于会通配合，乃有不知其然而然者。造墨、造纸、造砚者，皆未必通书法，亦未必能互相通。而书法家则兼用此四宝，以成其书法之妙，此非一种神通妙用而何。书法为中国人一种特有艺术，内可以代表书家一己之德性，外可以传百千年而仍得后世人之爱好模仿，此亦一种神通妙术矣。中国人之所谓神通，当于此等日常具体事上求之，斯不失其妙。

群言中国在科学上有三大发明，一指南针，一印刷术，一火药。此三者，唯印刷术为用最大。余尝谓宋代乃中国历史上之文艺复兴时代。论其都市工商业，则远逊于唐。但印刷术发明，书籍传播易，理学家乃能会通群说以定一是。其言愈简，其所包含之意义则愈见有神通之妙。此诚学者所宜细心潜玩。

北宋又有邵雍康节，与二程同时。远得华山道士陈抟之传，乃欲以数理阐释历代之治乱兴亡。其学颇似阴阳家，亦欲本天道以贯通之于人道。后起理学家摈不列之于理学之正统。然其言《易》，颇多妙理。其数学之流衍，如民间算命之术，亦多上推之康节，乃亦颇有奇验者。上之有邹衍，后之有邵雍，实皆可谓是中国之大科学家，同时亦可称为中国之大哲学家。而邵雍犹然。此两人皆曾于中国学术史上有大影响，尤多流布于下层社会。近人皆讥之为迷信不科学。而要之，如邹衍，远在古代，已难详论。而康节，亦终可谓是一神通之妙人。其遗文轶事，实大可珍玩，而可从一新途径新观点以重为阐发者。明初有刘伯温，读其诗文集，当为一文学家。乃民间相传，则俨以继邵康节，此仍待详考。但其在学术史上，则断不能如邹邵两人之所影响。

中国方士神仙长生之术，发明有铅汞配合之方，流入西方，遂有今日之化学。中国人发明火药，已知用炮，流入西方，遂有近代西方枪炮火器之开始。明初三保太监郑和下西洋，先西方人直达非洲。西方之有远洋航行，亦自中国指南针之传入。可谓近代西方之殖民政策帝国主义，则胥得中国科学之翼助。然在中国则止而不前。可以富、可以强，而中国人乃终认其为于人生大道利少而害多，乃不更进一步加以运用，以成如近代西方富强所赖之科学。此岂诚是中国人之愚而无知，抑故步自封，守旧好古，而不求进步之谓乎？此非会通全部中国史，深知其文化传统之神通妙用所在，则无以释之矣。

近代国人极慕西方科学，然中国亦自有之。英人李约瑟撰为《中国科学史》一书，乃国人亦未能深玩。还就本国史本国文化传统，则李书之未加详发者亦多矣。其终将有人焉，重为撰述一书，以发明中国科学之真意义、真价值所在，而使国人继前轨而续有开新。余日望之，但恐终不能当余之生而见之矣。天乎，人又何尤！

（原载钱穆：《现代中国学术论衡》，九州出版社2011年版）

钱穆：略论中国科学（二）

一

近代国人有自然与人文学之分，此亦承西方来。然此"自然"与"人文"两名词，则远在两千年前，为中国所固有。但用以译述西方学术，实大有问题。"自然"乃庄老道家语，义谓"自己如此"。西方科学则主反抗自然，战胜自然，其最要发明则为各种机械。机械非自然，则乌得称西方科学为自然科学。

"人文"二字，则源于儒家经典《周易》，所谓"观乎人文，以化成天下"。人文犹称人生的花样。如夫妇、父子、兄弟、君臣、朋友皆是。自有巢氏、燧人氏以前当已有父子一伦，迄今不能免。亦可谓自石器时代至今电子时代，同有此父子一伦。此为人文即自然，而与自然终有别。中国极看重此一别，西方则不然。如电灯、自来水，依西方观念言，同属人文。而中国观念，则所谓人文，当有更高驾出于使用电灯、自来水一类之上者。故虽同样使用电灯、自来水，而人文仍可大不同。

大抵从中国言，道家重自然，儒家重人文，而两者仍有其相通处。如儒家言"性命"，亦即自然。人生天地间，生命所赖在一身，此身之食、衣、住、行，则种种有赖于身外之物，故人生亦只是天地万物中一自然。但由自然展演出人文，而人文亦终不能脱离自然，而仍必以自然为依据为归宿。姑以食、衣、住、行言，中国在此四方面种种讲究，种种成就，其极多处可谓已冠绝人寰。但只可说是人文进步，不能说是自然进步。

先言饮食。中国烹调饮膳之美，举世称羡。但中国人最称羡者，孔子之"饭疏食饮水"，颜子之"一箪食一瓢饮"，两千五百年来传在人口。盖中国人生重礼，礼属人文，非属自然。饮食亦必有礼。孔颜之饭疏瓢饮，有大礼存焉。姑言饮。李白诗："举杯邀明月，对影成三人。"酒贵酬酢，李白则庄老道家中人，但其随时随地随口流露，一人独饮，何等闲畅，乃必谓月下影前，俨成三人。中国人文精神之陶冶，真可谓无微不至矣。唐诗又曰："劝君更尽一杯酒，西出阳关无故人。"故人对饮，此又一种人文精神。又曰："清明时节雨纷纷，路上行人欲断魂，借问酒家何处有，牧童遥指杏花村。"思乡则思饮，而此酒家则在杏花村里，饮酒而对杏花，犹如饮酒而对明月，此是何等情调。明月杏花皆属自然，而饮者之情调则属人文。其实则自然亦融入人文精神中，不能脱离自然以独成其为人文。又云："欲饮琵琶马上催。"此又是何等情味。非有此一种人文精神，则一切自然无意义、无价值，皆为之变色矣。

又如衣。中国锦绣之美，亦岂不为举世称羡。然而卫文公大布之衣、大帛之冠，更称美一世，传诵千古，故"衣锦则尚䌹"。而晏子一羊裘三十年，亦受人崇敬。此则人文价值之远胜于自然价值可知。《吕氏春秋》载一故事，一师、一徒，夜行遇大雪，不克进城，当露宿路上。师告其徒，今夜非一人穿两人衣，俱将冻毙。我以传道救世，君衣当授我，庶我得活。其徒谓，师以传道救世，此正其时。我得师衣而活，即师道。其师无奈，乃脱衣授其徒。此亦衣非重，死生非重，而唯道为重之一例。中国人文所重即在道。后世科举，未中第，未登仕途，皆布衣。此亦一礼，亦一道。然"布衣"重于君相，代有其人，正为其能传道，此犹中国人文精神之一种表现。女性亦称荆钗布裙，"荆布"与"糟糠"并称，亦见人文远超衣食之上。

中国人之宫室亭园、家屋居住，莫不有人文精神寓其内，精心独运，举世莫匹。而如诸葛孔明之草庐，邵康节之安乐窝，更下如李二曲之土室，一庐、一窝、一室之陋，乃备受后人之想慕与崇仰。陶诗："狗吠深巷中，鸡鸣桑树颠。"狗吠鸡鸣，乃属自然景象。而狗吠深巷之中，鸡鸣桑树之颠，则自然全化为人文，而鸡狗亦成人文中一角色矣。古诗："风雨如晦，鸡鸣不已。"此一风雨如晦之鸡鸣，更属中国人文精神至伟大至崇高一象征。祖逖之闻鸡起舞，则不过师承风诗所咏之一微小表现而已。又如唐诗："绿树村边合，青山郭外斜。"此村边之绿树，郭外之青山，非一极清雅之人文境界乎。又如陶诗："采菊东篱下，悠然见南山。""此中有真意，欲辨已忘言。"此一番真意，则不在东篱之菊，亦不在远望之南山，而在诗人日常生活之心情中。篱菊之与南山，则亦全化入人文，与为一体，而不复有别矣。

中国之名山大川，古迹胜地，亦皆人文化。如西湖孤山林和靖之梅妻鹤子，岂亦林和靖之化为禽兽草木，与梅鹤为一体，抑其梅其鹤之亦皆化入人文境界中，乃得与和靖之生活融为一体乎？不深入中国之人文传统，而漫游中国之山川胜地，斯亦交臂失之，如肝胆而楚越。则唯有效西方一观光客，以游历为人生一乐事，则于读万卷书行万里路之游又不同。人生境界各异，此则为中国人文精神最要研讨之所在。

次言行。中国古代贵族出，必驷马高车。孔子则一车两马，老聃乃骑驴出函谷关，墨翟裂裳裹足，履破而无换。此三人之行，后世均传为佳话。中国人极讲究食、衣、住、行，但又于食、衣、住、行上讲求礼。乃于食、衣、住、行不够条件，极简陋极缺乏中，反备受推崇，即此亦见中国人文精神之一端。尤其如唐玄奘攀登喜马拉雅山，达印度，此故事之受人推敬，经人传述，可谓古今独步矣。近代西方人竞登喜马拉雅山，亦为要反抗自然，战胜自然，一显腰脚。玄奘则不然。然而玄奘在中国人文精神上之伟大崇高处，则近代之攀登此峰者断不能相比。一则为反自然之自然生活，一则为超越自然之人文生活。即如哥伦布之驾舟横渡大西洋，其意在寻觅印度经商佳地，论其人文精神，亦不得与玄奘相比。此正中西双方人生之不同。

或疑中国人能注意食、衣、住三项，而安土重迁，惮于远行，是又不然。孔子周游列国，自此以往，中国士人多为"天下士"，行踪遍全国者占大多数，老死不归故土者亦多有，足迹未出乡里者则绝少。东坡诗："人生到处知何似，应似飞鸿踏雪泥。泥上偶然留指爪，鸿飞那复计东西。"此非东坡一人之自咏，乃咏中国古今相承之士人。史迹昭然，兹不赘缕。

中国人观念，食、衣、住、行，仅为维持生命。而生命则别有其更高境界，仍需充实光大。故中国人文乃有远超食、衣、住、行之外之上者。如言孝，舜父顽母嚚，而舜之为孝益显。然孝顽嚚固不易，孝圣贤亦唯艰，如武王周公之孝其父文王，亦岂易事。人之父母各不同，则"孝子不匮，永锡尔类"者，将万变而无息，日新而不已。中国有《百孝图》，孝行岂百可尽。《周易》"易"字，有易简、不易、变易三解。各反诸己，其道则易而简，虽百世而不易，亦因人而必变。中国人文尽此三义。西方人生不内求诸己，而外务于物，则不简。因物而变，则无不易。自石器而铁器、而铜器、而电器，器物变，斯人生亦随而变，则人文随自然化。而凡诸器物，又务求其反自然，机械化。则器物日变日新，自然已不自然，则又乌得有人文。凡其为人文者，尽属不自然，则日变日新，又乌见其所底止。

中国人文言"孝"，则天之命，父顽母嚚则亦天之命。孔子曰："天生德于予。"但天未尝同生此德于孔子之父与母。故"天命"不易知。舜之孝，亦天生此性此德于舜而已。舜乏因于父顽母嚚而益见舜之孝，则其父之顽、母之嚚或亦因其所遭遇而益见其顽嚚。孔子曰："性相近也，习相远也。""习"则多因遭遇来。如孔子生乱世，亦因世乱而益见其圣德。今人则谓此为环境，人则随环境而变。此犹谓人文随自然变。中国人之人文理想，则谓任何环境中，各可保有其理想之一己，故曰："君子无入而不自得。"以舜之父母而成舜之孝，以孔子之乱世而成孔子之圣，环境各不同，此即天命，即自然。而各可保有其理想之一己，此亦天命，亦自然。而人文精神乃寓其内，遂使人文理想日新月异，悠久而不息，广大而无疆。

今人则务求改造环境。较易改者，唯身外之物。乃有电灯、有自来水、有轮船、有火车。而不易改者，则唯各有其己之人。父母不易改，则可不孝。夫妇不易改，则可离婚。人与人之相处不易改，则曰自由、平等、独立。国与国之交际不易改，则飞机、大炮、坦克、潜艇之外，又继之以核子武器。刘向《说苑·指武》篇谓："凡武之兴，为不服也。文化不改，然后加诛。"此则今日西方之尚武力以征服他人，乃为人文之化其力不足之故，此亦若为可谅矣。然而中国人谓"天地之大德曰生"，今则变成"天地之大德曰杀"，此则异于中国人文之所理想远矣。西方之自然科学亦异于中国之所谓自然。中国人主从自然中演化出人文，又求人文回归于自然。而西方科学，则实为利用自然而反自然。但西方近代人文则主要从科学来。故中国科学乃受限于人文，而人文为主。西方人文则受限于科学，而科学为主。此则双方文化之大相异处。

今人又好用"文化"二字，乃从中国古语"人文化成"来。如电灯、自来水、火车、轮船，乃物变，非人文之化，则就中国观念言，不得谓之是文化。如舜之大孝，而此下遂有《百孝图》。如孔子之至圣，而此下遂有《儒林传》、《道学传》。此始是中国人所谓之文化。自修身、齐家而治国、平天下，此亦中国人所谓之文化。即是人生的花样多了，而化成那局面。器物的花样多了，亦能化出新局面，但于人文理想，则或反有害而无利。孔子之称为"怪力乱神"者，大体怪、力、乱三字，西方科学多有近之。神之一字，则西方宗教近之，但皆非中国所谓之人文。

司马迁言："究天人之际，通古今之变。"神属天，文属人。但人文通于自然，则人文中亦可有神，甚至禽兽草木无生物中亦皆可有神。此诸神则皆由人文化成，此乃人文中之神。故中国"神"字亦必明其天人之际。孔子敬鬼神而远之，此神乃属人文之神，非怪力乱神之神。敬而远之，则亦所以教人明天人之际也。而古今之变，则主要仍属人文之变。非如西方之变，多属科学之征服自然来。西方科学之变，至于近代，亦可谓已出神而入化。但此一种神，乃子所不语怪力乱神之神，与中国人文化成之神又不同，此亦当辨。

窃谓中国学问尚通。今日而言通学，则莫如"文化学"。当通各国之人文，会通和合，以求归一，斯为文化学。今人率好言文化，但未有一门文化学。唯中国人为学，虽无此名，而已有其实。如入国问俗，即问其文化也。一国有一国之俗，斯即一国有一国之文化。孔子曰："齐一变，至于鲁。鲁一变，至于道。"此即孔子当时之比较文化学。今试问，当今之世，孰为齐？孰为鲁？又如何而始为道？此非当前一最大见识最大学问乎？最近一百年来之一部中国近代史，先主学德国与日本，次主学英法，最后则或主学美，或主学苏，成为一大争论。实则仍然是孔子"齐一变，至于鲁。鲁一变，至于道"之意见与路向。不知孔子生今日，究当作如何主张？孔子不复生，则国人当自勉其学矣。

中国言"雅俗"，此亦人文一大问题，亦即文化一大问题。"俗"则仅限于一地，"雅"则可通之四方。今日国人分主美苏之争，实仍是雅俗之争。究是民主政治可以通行于全世界，抑共产主义可以通行于全世界？孰为道？孰为非道？此即中国古人雅俗之争，亦即孔子当时齐、鲁、道三阶层之辨。今日国人依西方言文学，则尚俗不尚雅。但言政治，则又要雅不要俗。其实西方政治无论言民主，或言共产，皆主多数，实亦皆主俗不主雅。此见今日国人古今中外之争，实亦并无一共同之尺度。

如言民主政治，必重选举，义近通俗。而中山先生则主张考试，求能创立一高雅标准来衡量一切。今日国人则尊中山先生，终不如其尊西方，故言民主，仍必言选举，而称神圣之一票。虽出自仅识之无之俗手，亦仍认之为神圣。而共产党徒则必以无产阶级为神圣。要之，今日国人慕效西方，尚俗不尚雅，似已成一时之风气。孔子言齐不如鲁，则非当时之俗见，乃孔子一人之独见。此乃孔子之文化意见。故果欲成立一文化学，则恐非大雅君子，无以任之，岂通俗之见之所能定。

西方人既不重人文，自亦不能重文化。如争民主与共产，一主自由生产，一主平均分配。一则在商业上争，再则在武装上争。一切所争，尽在器物上。而一切是非则若尽在"富强"二字上，岂非一切定于身外之器物乎？若言民主，不富不强，亦何得行？若言共产，不富不强，又何得行？今谓西方文化只如此，又谁得而非之。既主富强，则非凭科学不可。然言人文，又不得谓富人、强人即是高人、大人。今日吾国人处此世界，羡慕西化，当以科学为重？抑当以人文为重？而中国旧传统种种观念、种种名词、习俗惯例，皆从其人文理想来，终亦未能尽加洗涤清净，此诚吾国人当前难解脱之一大困惑。故就中国传统文化言，则近代西方科学究当处何等地位，此实今日我国人所当慎重思辨者。而中西科学之相异，亦当为一重要题目矣。

今姑依当前国人大体意见，一以模效西化为主，依照孔子语，则当曰："苏一变至于美，美一变至于道。"马克斯主张共产主义，而提出唯物史观。虽此唯物一观念，亦承袭西方传统，而说得太偏了，不如美国人言民主自由，尚多少留有人文地位，此其一。苏维埃之推行共产主义，虽说是世界性，而实际则自帝俄时代起，以及列宁、史太林，未免专以斯拉夫人为主，专为一国打算。美国则独立两百年来，早期则主门罗主义，只求自保，不干涉他国事。自八国联军以来，美国始追随欧洲，过问国外事。但其对中国，却始终未抱领土野心。其对菲律宾等亦然。第一、第二次世界大战，皆不由美国发动。究竟美国帮助其他盟国之意多，而自求扩张之意少。最近世界事变中，如其对英、阿之福克兰群岛[①]之战，及以色列与

---

① 福克兰群岛也称马尔维纳斯群岛。——编者注

巴游之战，多抱斡旋和平之努力，此其二。又美国立国，除英国及其他西欧人外，尚有犹太人、黑人，乃至如日本人、中国人等，凡列美国之国籍，则诸民族间各自平等。此尤开西方立国未有之先例，与苏俄之显以斯拉夫一民族立国者又不同，此其三。抑且美国之强，以保其富。苏维埃则务强以求富。两国立国精神又不同，此其四。故当谓"苏一变至于美，美一变至于道"。是则当前国人一意倾慕美国，亦可谓大义至当矣。

唯尚有小节所当顾及者。美国乃当前世界最富最强之大国，吾国人自承乃一未开发落后国家，乃一贫弱之小国，则慕效美国，亦当较量彼我，善自为学，不当好高骛远，以求同为一富强大国为目标，此其一。又美国为举世多数国家共同慕效，自有其共通大雅之处，吾国只能慕效其一部分。故中国之与美，乃正有雅俗之分。中国当不忘中国之俗。以中国之通俗化来学美国，如举一例，中国人仍当读中国书，贵能以中国书中所讲道理来阐扬宏伸美国之大道，不当只求美国之大道，而先自把中国方面一切全放弃，此亦即当前国人所主张之通俗化。如《诗经》有《颂》，有《大雅》、《小雅》，亦有《十五国风》。今日国人志切美化，亦不当仅对美有"颂"、有"雅"，而自己乃不复有"风"，恐亦终有未是，此其二。

慕效西化，谦卑自居，则决不当对国人对古人转持一种崇高骄傲之态度，漫肆批评。今国人中，贤者富者，亦多转隶美籍。据美国法律，则当与美国人同属平等。而美国究亦非已达尽善尽美之境，尚待其能一变而至于道，则吾国人之得入美籍者，正亦同负此责任，庶亦于举世人类有其贡献，而吾国家民族之前途，亦与有赖矣。倘以改隶美籍者为天下之士，则仍留本国者，宜可为一国之士。孔子祖先，亦自宋迁鲁，而如颜子、有子、曾子皆以鲁人为孔门之高第弟子，则果仍为中国人，亦未尝于天下无贡献。此则仍待国人之自勉。

二

《中庸》言诚，犹庄老言自然，非有所为而为，乃无所为而为。言其德性，斯谓之诚矣。故曰："诚者，自成也。"又曰："诚者，物之终始。不诚无物。"则万物皆成于自然，而其间有一重大意义，即为"终始"，即时间之过程。故曰："至诚无息，不息则久，久则征，征则悠远。"若是有为而为，则得其所为，其为自息。唯其无为而为，斯其为乃出于至诚，乃可以无息。故言自然，则必寓有一"时间观"。西方人对自然仅注意其空间，仅注意于物与物之分别相异，而不知其和合会通处，于是乃就其分别而各自探求其真理所在，乃有天文学、地质学、生物学等各专门之学。故其所探求之真理，则尽在外。其所成之各专门之学，则为西方之科学。亦或会通以求，而仍向外求之，则为西方之哲学。柏拉图榜其门，非通几何学勿入吾室，则哲学仍必本于科学。在自然之上，建立一上帝，信之为一切万物之主宰，亦即真理之所在，此则为西方之宗教。故西方之科学、哲学、宗教，同属向外求，同不存在于一时间观念中。纵谓有时间，亦必随属于空间，如近代爱因斯坦之四度空间论是矣。《中庸》则谓："悠久所以成物也。博厚配地，高明配天，悠久无疆。"则悠久之时间，其位置尚在天地之上，而科学、哲学、宗教皆一以贯之矣。而此时间则在物之内，不在物之外。中国人一切学问皆主向内求，故乃深深获得此时间观。而万物乃同归于一，而其分别则仅一征象之见于外，经时间而始有。

故《中庸》言："今夫天，斯昭昭之多，及其无穷也，日月星辰系焉，万物覆焉。今夫地，一撮土之多，及其广厚，载华岳而不重，振河海而不泄，万物载焉。"此则天文地质，莫非经历时间之悠久，而遂有当前之现象。若言生物，自微生物以至于人类，亦同此一生命，而此生命则仍自无生物来，仍是一自然，仍是一无为，仍是一至诚无息。故《诗》曰："维天之命，于穆不已。"又曰："不显文王，之德之纯。"此纯亦不已，则科学、哲学、宗教，岂不同归于一。一于此心之德之纯一而不已，故曰："苟无至德，至道不凝焉。"道必凝于德，德则即此心之纯一而不已，斯即天之命。一天人，合内外，如是而止。故曰："至诚之道，可以前知。""故至诚如神。"又曰："曲能有诚，诚则形，形则著，著则明，明则动，动则变，变则化，唯天下至诚为能化。"文王之德，即天地万物大全体中之一曲，而所化及于天地万物之大全体。中国古人科学、哲学、宗教三位一体之学之最高理想、最高境界，已尽在此。

西方人主言变，乃不知言化。变亦属于外，化则属于内。变则此物变成他物，而空间亦觉其有异。如石器时代变为铁器时代，又变为电器时代，此各时代之空间，皆绝不同。若知注意其时间，则一本相贯,一体相承,乃见其为化,而变则只是化中之一征。

中国人言生命,其实亦是一时间之化。自幼稚迄于耄老,仍是此一生命。自原始人迄于现代人,亦仍是此一生命。此一生命经历长时间之化,必当有变。今日已为电器时代,较之原始人之石器时代,一切物皆已变,而此生命之化则依然无大变。生命即是一大自然,科学违反了自然。往日以石器杀人,今日以电器杀人。科学日益发明,天下其乌能不乱?人种其乌能不绝?中国古人言:"正德利用厚生。"在内正德,始能在外有利用,而仍必以厚生为归。西方科学则仅求利用,不求正德,斯其生乃转见其薄不见其厚矣。故科学利用非要不得,但当以"正德"为大前提,"厚生"为大归宿,始有"利用"可言。以此意来寻求中国科学史,而能加之以发明,则庶见其于西方科学史有大异其趣者。此亦可谓中国科学乃会通和合于中国文化大传统之全体而始见其意义与价值,此亦中国科学精神之一端。

又近代西方科学发明,亦非限于核武器杀人之一途。即如近三十年来之太空飞行,登陆月球,岂不开人类邃古未有之新局。中国《易》象最重龙,飞龙在天,亦仅中国古人一想象。近代西方太空人岂不远驾飞龙而上之。前之如西方人发明纺织机,发明蒸汽机、轮船、火车之为利于人类者又何限。则西方近代之为祸,乃在其人文学,不在其自然科学。务求利用自然科学之种种发明于资本主义与帝国主义,而后其自然科学乃为祸不为利。中国古人言:"正德利用厚生。"果在人文学上能先正其德,则一切自然科学自不失其为利用而厚生。若必如中国道家，并桔槔而并加摒戒勿加利用，则乌得有如近代之自来水。孔子言："智者乐水，仁者乐山。"亦可谓中国人多乐山之仁，西方人多乐水之智。一动一静，一通一别。故倘一切学问，亦如西方能分别求之，又能会通用之，先正其德，而又能利用厚生，则正如晚清儒之言，"中学为体，西学为用"，先知以会通为体，又岂害于分别之为用。此则诚会通中西，又更有一新学术、新境界之向前发展，仍贵会通以求，不贵分别以观者。余之一一比较中西学术异同，则仍贵于异中得同，乃能于同中存异。有自然，乃始有人文。有人文，而自然亦随以前进，又岂严加分别之所能尽其能事乎！

（原载钱穆:《现代中国学术论衡》，九州出版社2011年版）

1899—1967

潘光旦：人文学科必须东山再起
——再论解蔽

我在《荀子与斯宾塞尔论解蔽》一文里，指出了两个人在解蔽问题上许多不谋而合不约而同的地方。不过两个人在解蔽的方法论上也有很不相同的一点，虽彼此并不冲突，甚至于还有相得益彰的好处，却终究是一个重要的区别，值得我们再提出来讨论一下。

荀、斯两人都提到治心与治学的两个方法，这一层基本的看法是一样的。不过说到治学，两人所说的学的内容却不一样。荀子所说的似乎只限于我们近代所了解的人文学科（humanities），而斯氏则限于自然科学，从数学、逻辑起，中经物理、化学、天文、地质以至于生物学、心理学，全都属于自然科学的范围。这和时代的不同与学术背景的互异当然有很大的关系。荀子的时代是说不上什么自然科学的。荀子所了解的学只是先秦时代所累积与流传下来的一大堆经验、知识、思想，有的见于记述，有的怕还是一些传说，其中关于自然的零星知识虽也未尝没有，大部分总不出我们今日所称为文学、史学、哲学的几块园地，而在那时候，这些园地的畛域还是分不大开的。除了这些，时代与背景确乎也拿不出什么别的来。

斯氏的时代里，自然科学已经相当的昌明，自然科学的门类已经由模糊而趋于确定，而各门类之间的关系也已将次阐明；对于此种阐明的功夫，斯氏自己还有过一番贡献。在他看来，只有自然科学才是一贴解蔽的对症良药，因为在一切学术之中，只有它是最讲求客观、最尊重事实、最注意分析，而于分析之后，又能加以贯串会通的。在他的那本《群学肄言》里，他完全没有讨论到其他的学术对于祛除成见可能有什么贡献。社会科学可以不必说。那时候关于社会的许多知识见解本来还不成其为科学，即降至今日，也还说不大上"科学"两个字；斯氏认为要社会的学问成为一种或多种科学，我们必须先做一番清宫除道的工作，而祛除成见便是这工作的第一步了。《群学肄言》既为此而作，则讲到治学为解蔽的一种方法时，自然是没有社会科学的名分了。事至今日，社会科学既比斯氏的时代为差较发达，我们再论解蔽与治学的关系时，立言可能要不同一些，但此不在本文范围以内，目前姑不深论。

不过人文学科如哲学、如历史、如文学艺术，何以在斯氏的议论里也竟一无地位呢？这其间可能有几个答复。一是斯氏自己忙着自然科学的研究、社会科学的树立以及一切科学的会通，对于比较古老的人文学术根本不大理会，以至于不感兴趣；他虽把他努力的结果叫作"会通哲学"，但此其所谓哲学和我们普通所了解的哲学实际上很不一样，在他看来，他的是"可知的"，普通所了解的是"不可知的"，而自作聪明者强不知以为知罢了。二是他可能认为人文学科未尝没有它们的解蔽的效用，并且已经相当著明，无烦再事数说，一则因为人文学科已有过二三千年的历史，再则当时所称的读书人是没有不经历过此种学科的熏陶的。三是反过来，他也可能认为人文学科没有多大解蔽的力量，他可能指给我们看，人文学科在历史里的累积虽多、发展虽大，对于读书人的偏蔽，曾无丝毫补救，否则又何待他出头写出一本专论解蔽的书如《群学肄言》呢？四是更进一步，他可能认为所谓人文学科也者根本就是蔽的渊薮；蔽的产生、蔽的维护、蔽的变本加厉，它们要负不少的责任。文学艺术重情感，哲学专事冥想理想，历史受了情感与理想的支配，至于充满着歪曲的事实，凭空的结构，要从它们身上寻求解蔽之法，不是问道于盲么？西洋二千年中宗教的桎梏、宗派的门户纷争，以及近代种种比较新兴的入主出奴的力量，有如国家主义、阶级观念、种族偏见、改革学案等等，又无往而不和人文学科有不可分离的渊源。解铃可能需要系铃人，但决不在这个场合，在这样一个场合里寻找解蔽之道，势必至于得到一个抱薪救火的结果，以斯氏的聪明是不做的。

不过上文说的乃是七十年前的光景，一半又还是我们猜度之辞。今日的情形又如何呢？不用说，斯氏解蔽的努力的收获是极度的可怜的。说他完全没有收获，也不为过；不但没有，蔽的种类加多了，程度加深了，范围扩大了，蔽所招致的殃祸也不知放大了若干倍数，包括两次的世界大战在内，而可能的第三次大战也免不了打在这个"蔽"字之上。而最可以教九京有知的斯宾塞尔认为痛心的是，这局面的所由形成，自然科学要负很大的一部分责任！

自然科学的效用之一，信如斯氏所了解与申说，是足以收解蔽之效的，结果却是适得其反，志在解铃的一只手终于成为系上新铃或把旧铃系得更紧的一只手。这其间也有若干因缘，有非斯氏当初意料所及的：第一，斯氏自己虽主张会通，自然科学一向的实际趋势却几乎完全侧重在分析与专精，而越至发展的后期，此种分析与专精的趋势越是增益其速度，积重而难返；能够比较集成的大师有如斯氏本旷世不数觏，但到此后期，虽有此类大师怕也无能为力了。分而又分、细之又细的结果，对一门科学自身，我们美其名曰专精，曰进步，表面上似乎很有收获，但对于从事的人，以及其人的意识情趣，分析就等于分崩离析。各陷其泥淖而不能自拔与各钻其牛角尖而不易与人交往的结果，不是实际上等于分崩离析么？不也就等于各自有其偏蔽障翳么？达尔文自谓到了晚年，因为钻研过久，连欣赏音乐的能力都消失了，便是一个最好的例子，至于对一门科学自身表面上的收获也终于抵不过实际上的损失。英国思想家席勒（F. C. S. Schiller）不说过么，一门科学，因为过于钻研，过于玩弄术语，终于会断送在这门科学的教授手里，所以一门科学的最大的敌人便是这门科学的教授。而断送的基本原因也就在一个"蔽"字，他看不见别的，别人又不懂得他，不断送又何待？这种分析、隔离与翳蔽的趋势又复自有其因缘，大致可说一半是属于科学方法自身的，特别是在它的过分注意数量的衡量一方面，近年来西方科学家已颇有论及之者（指 Alexis Carrel 所著 *Man, the Unknown* 一书。我曾经把此书结论的一节译成中文，题曰《一个思想习惯的改正》，后辑入《自由之路》），而一半则由于从事科学研究的人的眼光器识的短小，目前都姑不深论。关于这第一层，用荀子的话来说，就是"蔽于一曲而暗于大理"，就是"博为蔽，浅为蔽"中的"博为蔽"，"博"字事实上应是指"深邃"与"专精"，因为它是和"浅"字作对待的，不过用在今日的"博士"头衔上倒也还将错就错的配称罢了。用斯氏的语气来说，则是由于"理智力的多患狭隘呆板，不能兼容并包"，亦不外上文眼光器识之论。不过有一点我们必须注意，在当时斯氏的见地里，他似乎只看见了人的不是，而没有看到科学方法的也有其未尽善处，也更没有想到，理智力的狭隘呆板也可能和新兴的科学缔结良缘，而使科学完全成为一种擘肌分理与细皮薄切的勾当，从而增加了偏蔽的质与量。当时的科学是新兴的，好比科学在今日的中国一样，大家自寄与无限的同情与希望，也难怪斯氏自己也未能免俗而不无所蔽了。荀子所称的"近为蔽"或"今为蔽"指的便是斯氏自己所患的这一种。

第二，我们通常讲说科学长、科学短，总是失诸太笼统，其实就其对于人生兴趣的满足一方面来说，至少可以分成三种很不同的努力：一是培养一般科学的精神来造成更良好的人生态度与风格；二是好奇心的发挥与满足；三是科学智识的控制驾驭，其目的在收取种种利用厚生的果实。三者都有它们的地位，不过从人生意义的立场来看，也就是从教育的立场来看，最关重要的是第一个努力，其余两种究属次要。而自斯氏创论以来，七八十年间，科学的发展显而易见走的是一条避重就轻的路。汗牛充栋的偏于理论方面的研究论文属于第二种努力，除了满足作家本人与小范围的同行的人的好奇心与求知欲，即前哈佛大学白璧德教授所称的知识淫（libido sciendi），以及本人的沾沾自喜的心理而外，别无更大的意义。第三种努力的结果是种种应用的器材，小之如日用的小玩意儿（*西洋不喜欢机械文明的人总称之曰 gadgets，提到时还不免嗤之以鼻*），大之如原子弹一类的东西，数量之大，花样之多，推陈出新之快，是谁都知道一些，无庸数说的。我们至多要注意的是，所谓利用厚生也者，利用诚有之，厚生则往往未必。不过我们认为三种努力之中，这两种总是比较轻而易举的，所以为之者多，而从旁喝彩的人更多。至于第一种，在价值上最较重大，而非穷年累月不为功的一种，就很少有人存问了。所谓科学的精神、客观的态度、谨严的取舍、持平的衡量，足以影响整个的人生者，则至今没有成为教育的中坚要求；受过所谓高等教育的洗礼的理论科学家与应用科学家也正不知有多少了，但一蹀出他们的本行以后，有得几个是真能看事客观、论事谨严而处事持平的？三种努力之中，唯有第一种可以祛蔽，而被人忽略的恰好就是这种；第二、第三种都足以养蔽，而受推奖的恰好就是这两种，再用荀子的话来说，第二种努力的蔽是"欲为蔽"，第三种的是"用为蔽"，也是再清楚没有的。

第三，七八十年来，科学自身已经成为一个偶像，偶像化的迟早，各国不一样，但终于成为偶像则一；经过两次的世界大战以后，在若干先进的国家，这偶像虽似乎已经有些动摇，但一种以科学为"万应灵丹"的看法似乎并没有改变多少，而其所以为灵的道理，决不是因为它可以养成一种健全的生活态度，甚至于也不是因为它有趣，而是因为它有用。这就和上文第二层的话连起来了。至于比较后起的国家，有如苏俄与中国，则此种偶像化的过程正在方兴未艾之中；中国五四运动以后，不常有人把科学称作"赛先生"么？此种称谓上的玩弄花样虽属文人常事，不足为奇，但欲一事一物发人深省，而不得不出诸以人格化或偶像化的方式，也足见提倡者一番推尊的苦心了。五四运动前后若干年里的提倡科学，还可能为的是它的精神足以影响生活态度,虽也不应以人格化的方式出之,也还有几分意义,至若近年,则一切提倡的努力几乎完全集矢于富国强兵的鹄的,即完全发乎一种急功近利的要求,连理论的研究兴趣还说不大上,就更见得浅薄了。无论为的是什么,科学与偶像总是一个名词上的矛盾。论理,科学自身是无法成为偶像的,它和世间所认为偶像的事物也是风马牛不相及。而世间破除迷信与打倒偶像的一般好事之徒往往假科学之名以行,此种假借名义的行动当足以证明此辈对科学的迷信,已经到一个引科学为偶像的程度。正唯科学自身在此辈心目中已成一种迷信、一个偶像,才有破除其他迷信与打倒其他偶像的必要;谁都知道凡属信仰与偶像,总是不两立的。若有人问,何以确知近代人士已经把科学偶像化,这便是一个最直截了当的答复了。至于偶像化和偏蔽心理的关系,到此便无须解释,一切偶像的崇拜有它的蔽,甚至于由蔽而锢,斯宾塞尔在《群学肄言》里已经发挥得足够清楚,不过他所十分重视的科学居然也会踏上偶像的宝座,则恐怕他连梦都没有做过。至于荀子在这方面的见地,则见于《天论》篇,而不见于《解蔽》篇,即他的"以为文则吉,以为神则凶"之论是。[荀子在《天论》里说:"雩而雨,何也?曰,无何也,犹不雩而雨也。日月食而救之,天旱而雩,卜筮然后决大事:非以为得求也,以文之也。故君子以为文,而百姓以为神;以为文则吉,以为神则凶也。"用这样一个眼光来看宗教或任何信仰,世间便不会有迷信之事,不迷就是不蔽。自己看自己的信仰如此,便不至于因蔽而武断;看别人的信仰,也不至于因蔽而认为必须破除,必须打倒。这种开明的看法,西洋至近代才有人加以有系统的说明；康德的哲学里有此一部分，但还不够明晰，大概因时代关系，对基督教的信仰尚不免有所顾忌，及至英国的边沁（Bentham, *The Theory of Fictions*）和德国的朗兀[①]（Lange, *The History of Materialism*）就说得很清楚。但一直要到20世纪的初年我们才看到最和盘托出的说明，那就是德国梵亨兀尔教授（Vaihinger）的《如在哲学》（*The Philosophy of As If*）一书。]

第四，科学的发展根本忽略了人，尤其是忽略了整个的人，而注其全力于物的认识与物的控制，说已详《说童子操刀》一篇中，兹不再赘。孔子有句话说："道不远人，人之为道而远人，不可以为道。"荀子在《解蔽》篇里说："精于物者以物物，精于道者兼物物。"我们把这两句话合并了看，就明白这方面的蔽之所在了。荀子又尝评论庄子，说他"蔽于天而不知人"，如果我们把天释做自然，而此自然者，不必为庄子所了解的自然，而为近代科学所了解的自然，则这一句评论便可以原封不动的转赠给近代科学，而了无有余不足之病。

第五，科学助长了一般人对于进步的迷信，亦即喜新厌故的蔽，亦即对未来的一种妄生希冀的心理。西洋进步的理论与信仰不始于自然科学家，而始于18世纪末叶的社会理想家，但有人叫作进化论的演化论是自然科学家的产物。演化论，依照达尔文、赫胥黎诸家的比较科学的看法，原是可进可退的，演化的过程并没有必进的趋势，赫胥黎在《天演论》的第1页的原注里并且曾经特地加

[①] 今译朗格。——编者注

以说明。不过在许多人的见解里，演化论很早就成为进化论，并且到如今还是一味的进化论。这其间也有一些因缘：一是一部分的演化论者的议论过于笼统，总喜欢说由简入繁、循序渐进一类的话，斯宾塞尔自己就是这样的一个。二是演化的学说和进步的理想终于纠缠一起，不加察别，便分不出来；这一半要由演化论者自己负责，即如上文所说，一半由于社会理想家切心于取得科学的帮衬，一样宣扬进步的理想，从此更容易取信于人。三是科学的发展既完全侧重于智识与功利两种欲望的无限制的满足，有如上文所论，确乎也供给了不少的成绩，与人以日新月异、迈进无疆之感。即如原子弹的发明，从善于杀人的技术观点看，谁会说它不高明、不进步？但这终究是一个幻觉、一种翳蔽，斯宾塞尔自己虽也有进化的议论，却没有提防此种议论也会成为一种蔽的张本。可能正因为他自己在这方面已有所蔽，所以便不提防；也可能因为进步、进化之说，在当时历史还短，还不大成一种传统的力量，根本上无须提防。斯氏在他的解蔽论里所提的蔽的种类也确乎是以传统的事物占绝大的多数。荀子的议论也没有包括这一种蔽，他曾作"法后王"之论，为的是要祛除当时人食古不化与以古非今之蔽，但在《解蔽》篇里，他至多只说到了"近为蔽……今为蔽"一类的话。中国文化除了子孙一种事物而外，是几乎不问未来的；中国文化也不大讲一般理想，进步的理想更可以说等于没有。这大概是一些根本原因了。不过晚近以来，无论中外，这进步之蔽或维新之蔽，是很实在的，而促成此种蔽的责任，一部分不能不由科学负之，误解了的演化论负一小半，走了偏锋的理论科学与应用科学要负一大半。

上文的讨论无非要指出蔽的问题依然存在，并且更严重的存在，解的需要就因此而更见得急迫，而解的方法也就有再度提出来的必要。荀子的议论，原则上大部分依然有效，但内容与措辞总嫌过于古老，大多数的人已不再浏览及之。斯宾塞尔的商讨，其治心的部分虽依然值得参考，其治学的部分却需要一番很大的补充，为的是七八十年来自然科学的发展，大有非他初料所及的地方。我们也不能说斯氏错了，但我们不能不承认，在今日的情势之下，斯氏的解蔽论已不足以应付。也并不是说我们用不着科学了，科学还是少不得，不过为了解蔽的需要起见，我们不能不首先注意于科学所能给我们的风度情趣，其次才轮到科学的知识，又其次才是科学的器用。这一番本末宾主的分别是不容不在教育的努力里郑重阐明的。这就回到上文所叙科学努力不外三种之说，而多少也是斯宾塞尔一部分苦心孤诣的重申。

至于说到补充，我们便不能不和斯氏分手，而接近到荀子立论的范围，就是，再度回到人文学科的园地。解铃还是系铃人，在以前，上文说过，人文学科可能做过养蔽的帮凶，以至于主犯，但在今日，形势一变以后，我们要解蔽，还得找它们帮忙，说得不好听些，是让它们将功赎罪，说得客气一些，是请它们东山再起。至于何以知道人文学科足以接受这个付托，则我们不妨提出如下的两三点论据来。

人文学科，包含文学、哲学、历史一类的科目在内，而比较广义的文学可以赅括音乐艺术，比较广义的哲学可以赅括宗教，合而言之，是一个人生经验的总记录。这记录可能是很杂乱，也很有一些错误，但因为累积得多且久，代表着人类有文字以来不知多少千万人的阅历，杂乱之中也确乎有些条理，错误之中也有不少的真知灼见，足供后人生活的参考。一般的前人阅历等于"经验"中的"经"字，足供后人参考而发生效用的阅历等于"经验"中的"验"字；经与验，前人为方便起见，也往往单称作经，即经书经典之经。经只是常道，即许许多多的人时常走过而走得通之路，别无它意。后人不察，把它当作地义天经之经、金科玉律之经，丝毫不容移动，固然是一个错误。而近人不察，听到经书经典，便尔色变，诋毁排斥，不遗余力，有如五四运动时期中的以"打倒孔家店"相号召，也未始不是一个错误。人文学科所能给我们就是这生活上的一些条理规律、一些真知灼见，约言之，就是生活上已经证明为比较有效的一些常经。说前人的阅历中全无条理、全无真知灼见、全无效验，当然是不通的，因为如果完全没有这些，人类的生命怕早就已经寂灭，不会维持到今日。人类可能会寂灭的恐惧，倒是近代科学昌明以后才发生的事。

分而言之，文学艺术以至于宗教所给我们的经验是属于情绪生活一方面的，即多少可以使我们领会，前人对于环境中的事物，情绪上有过一些什么实际的反应，对于喜怒哀乐的触发作过一番什么有效的控制。近代的心理科学给了我们不少的关于情绪的理论，也作了不少的分析与实验，但就实际的生活经历而论，这种实验可以说全不相干，试问喜怒哀乐以及其他情欲的实际场面可以在实验室里摆布出来而记录下来么？前人阅历中离合悲欢、吉凶庆吊、名利得失的种种场合，一切伟大作品的欣赏的缘会，才是真正的实验室,而关于这些阅历的描绘才是真正的记录。而此种场面与缘会之所以富有实验性,艺术作品之所以为伟大,文学纪录之所以为真实,全都因为一个原则,就是孟子所说的"得我心之所同然"。我心也者,指的当然是后来一切读者与赏鉴者的心,用现代的话来说,就是它们有力量打动我们共同的心弦,有力量搔着基本人性的痒处,打动与搔着得越多,它们就越见得富有实验性,越见得伟大。李杜的诗歌、莎士比亚的剧本、贝多芬的乐曲……可以百读不厌,不因时代地域的不同而贬落它们的价值,原因就在此了。说到我心之所同然,或共同的心弦,或基本的人性,就等于说,有了这一类文物上的凭借,后来的人,无论在别的生活方面如何的大异其趣、各不相谋,至少在最较根本的情绪生活上,可以相会,可以交通,而相会与交通即是偏蔽的反面;根本上有了会合交通的保障,其他枝节上的偏激与参商也就不碍事了。

哲学与历史的功效也复如此,所不同的是,哲学所关注的是理智与思想生活,而历史关注的是事业生活;前人的经验里,究属想到了些什么,知道了些什么,以及有过什么行为,什么成就,思想有何绳墨,行事有何准则,撇开了哲学与历史,后人是无法问津的。近代的科学原从哲学演出,它的长处固然在精确细密,它的短处也正坐细密惯了,使人见不到恢廓处,说已具上文;细密于此者,不能细密于彼,所以往往有隔阂以至于排斥的作用,恢廓则可以彼此包容,不斤斤于牝牡骊黄之辨。这又不外养蔽与解蔽的说法了。历史可以供给行事的准则,小之如个人的休戚,大之如国家民族的兴衰,都可以就前人经验里节取一些事例,作为参考,前人

"以古为鉴"的说法无非是这个意思,近人也有"历史的镜子"的名词。有了这样一面镜子,再大没有的镜子,而每一个人,每一个时代的社会,懂得如何利用这镜子,来整饬其衣冠,纠正其瞻视,解蔽的工具岂不是又多了一件?这镜子虽大,可能不太完整,不够明晰,但此外我们正复找不到第二面。近代的心理、伦理、社会、政治一类和行为问题有关的学问到如今并没有能提供什么实际的标准,教我们于遵循之后,定能长维康乐、避免危亡;即使有一些细节目的贡献,也往往得诸历史的归纳。心理学家讲个人的智力,时常用到的一个定义是,利用经验的能力,即再度尝试时不再错误的能力,或见别人尝试时发生过错误,而自己尝试时知如何避免错误的能力。这便是历史的意识,也就是历史的效用了。荀子说到"古为蔽,今为蔽",食古不化,或专讲现实,或一味希冀未来的人,其所以为蔽者不同,其为缺乏历史的意识、不识历史的功用、不足以语于有效力的智慧,则一。

人文学科足以接受解蔽的付托,这是论据之一。

上文说到近代科学的发展,因为避重就轻、舍本逐末,结果是增益了偏蔽的质量。如今要加以补救,除于其本身改正其避重就轻、舍本逐末的趋势外,还得仰仗人文学科的力量。上文说科学之蔽共有五点,简括的再提一提:一是蔽于分而不知合;二是蔽于知与用而不知其更高的价值,即不知科学所能培养之风度情趣,亦即相当于荀子评论墨子的一句话;三是蔽于一尊而不知生活之多元;四是蔽于物而不知人;五是蔽于今而不知古,或蔽于进而不知守。此五端者,人文学科的资料与精神都力能予以是正。人文学科所提供的是人生种种共通的情趣、共通的理解、共通的行为准则，惟其共通，所以能传诸久远，成为学科的内容，此其一。既顾到情趣，特别是文艺一类的学科，便足以是正知与用的两种偏蔽，此其二。人文学科显而易见是多元的，文艺、宗教之于情绪意志，哲学之于理智识见，历史之于行为事业，情意知行，兼收并蓄；宗教在西洋虽曾独占过一时，但自文艺复兴以还，亦已退居于一种人生工具的地位，与其他科目相等，实际上目前科学以至于教条政治所占有的崇高的地位还是它让出来的咧，此其三。人文学科无往而不讲人与文的关系，人的情意知行，加于事物，蔚为文采，便成为人文学科的内容；西文称人文学科为 humanities，更直截了当的把人抬出来，其足以解物质之蔽，亦自显然，此其四。人文学科重视经验，凡所记述描绘，见诸文字声色形态的，无往而不是人生经验的一部分，上文已加说明。经验总是属于过去的，总是比较脚踏实地的；经验的有选择的利用是可以矫正躁进、冥想、逆断和对未来的奢望等诸种偏蔽的，此其五。

  人文学科足以接受解蔽的付托而无憾，这便是论据之二。

  还有一个第三点论据，虽非必要，而也不妨提出的，就是，七八十年来，人文学科多少也受过科学的洗礼。宗教已自崇高而独占的地位引退，上文已经说过，其轻信与武断的成分也已经减少了许多。历史中感情用事的地方，歪曲虚构的事实，也因科学的影响而经过一番修订。哲学中过弄玄虚的部分，因数理、天文、心理诸科学的绳墨而受了限制。这些都可以说比科学上场以前见得更健全了。各种艺术与科学的关系较少，但也得到科学的不少的帮忙，特别是在形式的繁变、程度的细密、工具的便利、传播的范围诸端之上。总之，人文学科经过科学的切磋琢磨以外，以前可能有过的一部分养蔽的不良的势力已经消除不少，而使其解蔽的功能更容易发挥出来。

要人文学科东山再起，我准备简单的提出两个建议来，作为本文结束。

第一个建议是关于实际的训练的。我认为高中与大学的前二年，应尽量的充实人文学科的学程，文法院系固应如此，理工院系，根据上文的议论，尤属必要。前年（1945年）哈佛大学的一部分教授，于经过长期探讨之后，所编印的一本报告，叫作《自由社会中的通达教育》（*General Education in a Free Society*），也作相似的主张。他们对于近代科学的养蔽，虽没有加以抨击，但一般的解蔽的重要，他们是充分承认的，因为偏蔽的反面就是通达，而偏蔽的发展与自由的发展恰好成反比例。［英文普通教育（general education）一词时或与自由教育（liberal education）一词互相通用，我近来喜欢把它们都译作"通达教育"，觉得最为切合。惟有不偏蔽而通达的人才真是自由的人。］

第二个建议是关于一个理想的培植的。必须此理想先受人公认，人文学科的提倡才不至于横遭"落伍"与"反动"一类的诬蔑。

自然科学昌明以后，我们早就有了一个"宇宙一体"的理想，不止是理想，并且已经成为有事实衬托的概念。不过这概念对于人事的改善，关系并不贴切。

自社会科学渐趋发达以后，又值两次世界大战的创痛之余，我们又有了一个"世界一家"的理想。这是和人事有密切关系的。不过这还是一个理想,观成尚须极大的努力,并且还有待于另一个相为经纬的理想的提出,交织成文,方能收效。

"世界一家"的理想只是平面的,只顾到一时代中人与人、群与群的关系的促进。平面也就是横断面,没有顾到它的渊源,它的来龙去脉,是没有生命,没有活力的。没有经,只有纬,便不成其为组织。如果当代的世界好比纬,则所谓经,势必是人类全部的经验了。人类所能共通的情意知行,各民族所已累积流播的文化精华,全都是这经验的一部分;必须此种经验得到充分的观摩攻错,进而互相调剂,更进而脉络相贯,气液相通,那"一家"的理想才算有了滋长与繁荣的张本。不过要做到这些,我们似乎应该再提出一个理想,就是"人文一史"。目前已经发轫的国际文化合作可以说是达成这理想的第一步。仅仅为了做到这第一步,为了要有合作的心情、合作的材料,我们就不由得不想到人文学科,而谋取它们的东山再起了。

(原载《观察》第 2 卷第 8、9 期,
1947 年 4 月 19、26 日)

1899—1967

曾昭抡：写给学科学的青年们

战争总算是胜利地结束了。今后大家的任务，在于如何将一个簇新的中国，从劫后残灰中建设起来，使其成为人民安居乐业，自由平等的国家，并且对于安定世界，维持长久和平，有所贡献。横在我们前面的问题，不是简单的复员，更不是复原，甚至不单纯地是复兴，而是如何改造整个国家，令其成为一个康乐的，强盛的，自由的，平等的，民主的，与现代化的中国。过去几千年当中，也曾有几个时期，中国确是世界上最大强国之一，人民也享受太平的幸福。汉唐盛世，元清初年，是其中最显著的例子。然而我们从来没有过政治上的民主，人民与统治者一向不曾处于平等的地位。贫富悬殊的现象，虽为儒家所不赞助；但是经济上大家应该平等的原则，在中国却始终未被承认。我们今天的任务，首先在于将中国变成一个自由平等，人民可以充分享受幸福的国家。至于如何强大，尚属次要。假如一般人所谓复兴，不过是指恢复汉唐盛况，使中国国威远扬海外，甚至支配世界，而不顾及人民的自由，平等，与安乐，那是我们所不敢苟同的。实在说来，在 50 年代的今日，当全世界人民都已觉悟这是人民世纪的时候，唯一使中国强大起来的方法，是首先承认人民是中国的主人翁，将我们一切努力放在维护人民利益与改善人民生活上。要不然，所谓复兴，根本就不可能。即令可能的话，一种暂时的强大，也保持不了几天。希特勒与日本军阀的失败，对此应该是很好的教训。

中国，立国数千年，迄今仍然保持独立国家的地位，这不是一件偶然的事。中华民族，自有其特出的优点与美德，所以经得住熬煎，能将四千年的古国，维持至今不堕；而且不但不似昔日埃及及罗马之没落，反而在若干方面露出蓬蓬勃勃的生气，如此次抗战中所显示者。我们对于中华民族的未来，绝无可以悲观的理由。但是谁也承认，如果中国想要立足于现代国家之林，取得并且保持其应有地位，我们不得不从许多方面，将国家予以彻底改革。中国人是没有问题的。成为问题的，是目前流行的若干制度与作风。中国脱离封建时代，可说有许多年了。但是封建时代的制度，作风，与思想，残留在我国社会，一时还不容易铲除。近年来不幸又吸收了许多法西斯主义的毒素。这些毒素，在国内多数区域，经过二次世界大战，不但未曾消除，反而蔓延起来。将一个半封建的，充满着机关主义的，带有法西斯政治色彩的中国，改造成为真正自由平等，物产丰富，分配恰当的国家，这是现代青年伟大的任务。这种任务如此重大，当然不是任何一个人或者少数人所能妄想担负起来。但是如果我们能在此种运动中，担起自己所能担任的一份，那是很光荣的，对社会是很有益的。事情不论大小，只要朝这个方向配合着做去，便是很有意义。此刻说我们处在一个大时代，决不是夸大之词。战争虽已完结，前途尚有十年的艰苦期间。但是能够参加这种划时代的建国工作，真是千载一时的机会。

　　改造中国，我们所需要的是什么？发生在二十多年以前的五四运动，早已明白地指出，民主与科学，是中国建国的光明大路。时至今日，这种基本要求，并未变更。二十余年以来，我国在科学上，虽然一度略有进展究属非常有限。说到民主的话，不幸不但并无进步，反有背道而驰的倾向。到了今天，我们只有重新提出这两个口号来，作为大家共同奋斗的目标。民主与科学，同为使国家走上现代化所不可缺的因素，二者也是相辅而行。没有近代科学，我们的产业，便会永远滞留在一种中古时代的情况，如此物资无法丰富起来。在这种情形下，无论分配如何公允，结果只有大家都穷，绝谈不到人民如何享受幸福。另一方面，如果经济制度不能采取民主，无论物资如何丰富，结果只有少数人可以享福，广大民众却始终在饥饿线上挣扎，眼看阔人用不完，吃不了的东西，大批当作废物一般地抛弃。所谓经济民主，当然脱不开政治民主。少数人把持一切的独裁或寡头政治，从本质上说，根本就不会想到人民的利益。惟有人民成为国家的主人翁，倒能顾到他们自己的利益。科学也解放人类的劳力。这点联上产业的发达，使人们得有闲暇的时间与多余的物资，可以从事于更进一步的科学研究，并且从事于政治生活。同时民主政治的实施，使一国内每个人，在不妨害社会秩序与适当的集体生活之范围以内，充分发展其个性，充分享受自由，如此更行加速科学的发达，多多为人类造福。相反地，独裁或者不民主的政治，多少不免统制思想，限制言论出版、结社、集会的自由，以此妨碍学术的发展。当然社会科学，所受此等妨害最大，自然科学与应用科学则较少，但是亦非毫无影响。尤其值得注意的一点，是不幸科学脱离了民主，其结果不但不能造福人类，反而可以成为屠杀人民，巩固反动政权的工具。希特勒底下的德国前车之鉴不远。

今日中国的科学青年，应当负起科学与民主双层任务。一方面应该不断研究科学，站住自己的岗位，以其专门学识，贡献于社会的改造。另一方面，不要忘记，自己也是中华民国的国民，对国家对人民负有责任，同时自己也有一份应得的权利。既然这样，对于国家大事，切不可袖手旁观，采取一种消极的态度，听天由命。尤其不可将其专长，与人民公敌结缘，加强了压迫人民的势力。假如因为要潜心研究科学的关系，时间不许可你成为一位民主斗争的斗士，至少也应该对民主运动采取一种同情与关切的态度，对国家履行公民应尽的责任。如果愿意批评政治的话，应本科学精神，持公平态度，不要以为谈科学要规规矩矩，谈政治却可胡说八道。谩骂或者漠不关心的作风，以及顽固思想，如果不幸存在，应当努力革除。只有这样，才能成为新时代的一位典型人物，社会上一位有用的人才。

中国未来几百年的历史，有赖于今后二三十年的努力。青年们不要放弃自己的责任。

［原载《民主周刊》（北平），1946年创刊号］

1911—2004

陈省身：把中国建成数学大国

中国的数学，我一向很乐观，因为中国人有数学的能力。研究数学需要的设备少，如果在数学上有想法，想研究个课题，一个人单独也可以进行，发展比较简单容易。因此，我觉得中国数学的发展会快一点。

21世纪中国的数学家会越来越多。中国人多，有能力的人也很多，其中就有许多人会念数学。现在人们逐渐了解数学对将来世界的生活、文化的发展有用处，因此数学家会有饭吃，搞得好的人甚至有很好的饭吃。

外尔曾开玩笑地说，21世纪的数学家都要学中文了。我想，到时候数学家并不见得都要学中文，但至少要学中国名字。外国人历来只注意中国人的姓，但是中国数学家多了，光从姓看就搞不清谁是谁了。外尔说数学家们都要学中文，这话我们不敢说，但外国人要学中国名字是肯定的。

数学研究一定要重视基础。基础数学使得问题变得简单。中国的数学有辉煌的历史，但是中国传统数学却没有复数。传统的中国数学家觉得$\sqrt{-1}$是没有应用的，一个数的平方怎么可能等于-1？其实，$\sqrt{-1}$重要极了。因为复数的计算比实数的计算简单得多。如果没有复数,就没有电学,就没有量子力学,就没有近代文明。中国传统数学讲"应用",不要复数,所以就永远走不到这条路上去。有时候讲应用,眼光要放长远些,视线放得更远一些,也许它的应用会更大。很有意思的是,数学家觉得哪些东西有意思,那些东西里边就必有某种规律,有规律的东西就必然有应用。实际上,真正抽象的数学最有应用,可惜政府、教育界中有些要人还不明白这个道理。

不久前曾有人问我:您和您的学生丘成桐分别获得了沃尔夫奖和菲尔兹奖,中国本土的数学家很多,却从未获得这两项大奖,中国本土什么时候也能培养出这样获大奖的数学家?我说,头一个是工作的人要多,第二个是要有空气。不能够说,要多少钱就给多少钱,要什么设备就给什么设备,然后就说你要得奖,这样是得不到的。经济上的帮助当然是需要的,但这还不是最主要的,还有一个态度问题。

比方说,我们自己带小孩吧。顶有出息的小孩,很少是父母管出来的。小孩有能力、有机会,自然能发展,你管凶了,那就糟了。了解了科学的重要,增加科学研究的经费,当然是好的现象,但是管得太凶不行。对于科学研究,不能事事都要计划。最好的科学是没有计划的,是发现出来的。X光是怎么发现的?是伦琴(Wilhelm Conrad Röntgen)晚上到实验室,发现这个光太怪,于是去研究,才发现了它的特殊性质。最重要的发现不是上边有个支持,然后跟着做就做得出来的。

我年轻时出来，家里向来都没管过，也没出过钱。我刚好很幸运，数学念得不错，到处可以拿到奖学金什么的。人们要随时对发生在身边的事情有一个决定：你要做什么？我很幸福，因为在每一个时代我都觉得自己有很多事情可以做。做研究是最难的事情了。做几个月做不出来也就罢了，有人甚至做很多年也做不出来，然后就灰心了，牢骚一大堆，不是觉得自己不行，而是说这个不对那个不对，所以我做不出来。我做得很顺利，没有发生这种情况。当然，大部分东西是很难做出来的，但是你要有很多问题可以做，这个做不出，那个就有可能做得出。所以我说，每个人把现在做的事情做好了，这就是很大的成就，中国就有希望。

　　人的成功受许多因素制约，其中自然包括机遇。机遇与知识很有关系。假如有个外国人住在这里，他很可能就会研究这里有什么虫，小虫子有多少种，有怎样的性质，是不是还有什么方法可以利用。但中国人往往不做这个。中国人很实际，对于能吃的就有兴趣，至于其他的往往就没有兴趣。在我眼里树就是树，不知道这棵树是什么那棵树是什么。我觉得应该有一个科学会的组织，星期天组织人们出去看看，在活动中增加知识。这样的话，机遇可能就会更多一点。人住在地球上，地球上东西的性质与人的幸福最终是有关系的，所以你拥有关于它的知识总是有意思的。

　　博学很有用。但有的人对学问本身没有兴趣，更看重个人利益。现在有许多大学生最要紧的是想出去留学，出去的人就基本不想回来了，并不想到国外学些东西，然后回来为国家做事。当然，中国应该做到国内大学和外国大学在研究的设备、待遇等方面差不多平等,使学生感到没有必要到外国去念书。不过,现在还没有做到。

20 年前,我在北京大学、南开大学和暨南大学讲演时,表达了自己内心的真诚愿望:希望在 21 世纪看到中国成为数学大国。中国人的数学能力是不容怀疑的,中国将成为数学大国,我觉得也是不争的事实,但时间可能会有迟早。对此,我希望注意下列几点:

(1)希望社会能认识中国成为数学大国是民族的光荣,而予以鼓励和支持。例如,不要把数学家看成"怪人"。中国没有出牛顿、高斯这样伟大的数学家是社会的、经济的现象。中国的大数学家,如刘徽、祖冲之、李冶等都生逢乱世。要提倡数学,必须给数学家适当的社会地位和待遇。

(2)要发展中国自己的数学。数学千头万绪,无法尽包。集中几个方向是自然的选择。当年芬兰的复变函数论和波兰的分析都是成功的例子。但我个人喜欢低维拓扑,希望有人注意。

(3)要有信心,千万要放弃自卑心理。法国文学家罗曼·罗兰(Romain Rolland)写过一本书,记载中古时代德国音乐家在罗马的故事。罗马人笑他们:这种野蛮的人,如何懂音乐?没有多少年德国出了巴赫(Johann Sebastian Bach)、贝多芬(Ludwig van Beethoven)。我做学生的时候,曾经看见日本人写的文章,说中国人只能习文史,不能念科学,这实在是很荒谬的。19 世纪的挪威，是一个僻远的国家，但它产生了两个大数学家：阿贝尔（Niels Henrik Abel）和索福斯·李。中国的数学发展必须普遍化。中国的中小学数学教育不低于欧美，愿中国的青年和未来的数学家放大眼光展开壮志，把中国建为数学大国！

大家也许会问：您本人见证了20世纪数学的发展，现在还打算做什么呢？我已经90岁了，对自己很了解，人生只是很短的一段。90岁干什么？我很有福气，90岁了精神还很好，脑筋还行。虽然我坐在轮椅上，连路都走不动，活动很受限制，但我可以做一点对一般人有关系的事情，比如说，我打算替国家培养几个有才的、年轻的数学家。政府对科学上的事情只能发布些政令，在政府和个人中间有很长的一段距离。我则可以和学生谈，知道他行还是不行。我甚至于还想教一个班的微积分，和低年级的学生有些接触，现在政府有种种的计划、奖金，有些老先生忙得不得了，没机会和真正低年级的学生接触，这恐怕不太妥当。总之，大家各尽所能，每个人尽心尽责把手头的事情做好，中国就有希望。

任重而道远，国人其勉之！

（原载陈省身：《九十初度说数学》，上海科技教育出版社2001年版）

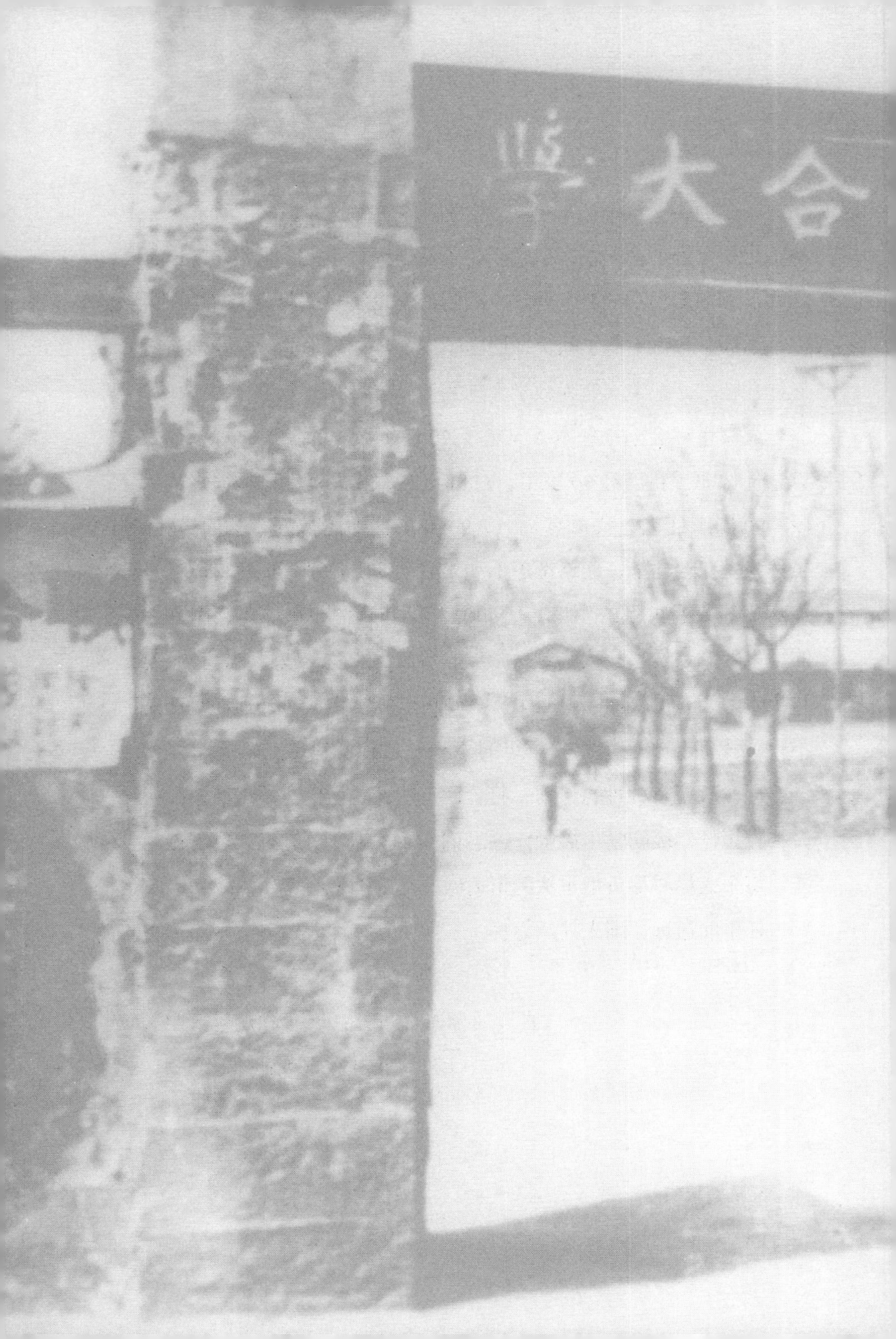

第三篇 科学与教育

科学精神与现代教育五讲

1937—1946

1937—1946

顾毓琇：科学教育的实施

科学教育，当前有两个大问题：第一，就是理论与实验的配合；第二，就是教材与教法的研究。无论从中外的科学发达史看，自然科学决不能离开自然现象，因此理论同实验必须配合。没有实验，理论便没有根据。有了理论，仍要靠实验去证实。所以科学教育实施的时候，若只讲理论，不做实验，那是不会有成效的。以中学科学教育而论，倘若一个中学生根本没有注意观察自然现象，教师只告诉他许多科学原理、科学定律，这些抽象的东西，他自然是不容易明了的。实验方面，我们还应当照着科学发达史的顺序，由简而繁，由易而难。例如自由物体下坠的实验，伽利略的基本实验是从比萨的塔上把大小轻重的铁球往地下掷，让教员学生大家证明科学的定律。现在学校教学时候，最讲究的用一大玻璃管，将抽气机抽去空气。然后实验在真空中间，石子同鸡毛下落的时间相等。但因设备不完全，真空不大好，每每石子先落下，反而引得哄堂大笑。试想教员倘若领学生先到附近宝塔上或高楼上去重做一次伽利略的斜塔试验，不是可以得到更完满的结果吗？还有在实验室中，学生每用斜平面，这个实验伽利略亦做过。但是实验桌太小，平面木板太短，不能得到正确的结果。倘若我们因为没有设备，改用门板，在操场中实验，不是反而更好吗？还有时间的量计，规定用奇表或跑马表，这种表现在亦不容易找到。科学史告诉我们，伽利略幼时观察礼拜堂内长链灯的摆动，是用脉搏时计，后来做斜平面的实验，是用水钟量时，我们倘若没有跑马表，我们不能用水钟吗？我们不能用脉搏以代时计吗？上面举个实例，为着要说明实验的重要，没有实验，不会有科学理论，科学定律。因为实验重要，我们在万分困难之中，亦要用简易的方法来做实验。并且惟其实验用简易的方法，我们更容易让学生明了。

时间的基础是"观天"、"测天"。我国古时有很早的"日晷"，现在我们的时间，或者要请教无线电，或者要问电话局，或者要等公路上的旅客到了才能得到所谓正确的时间。这些舍本逐末的现象，实在对于初学科学的青年有不良的影响。

又如阿基米得的原理，照科学书上的说法，初学的学生不一定能完全明了。照物理教科书上规定的实验，做了亦不一定有深刻的印象。假如我们讲一个中国的故事，或者就要容易得多了。这个故事见于陈寿《三国志》：

邓哀王冲，字仓舒，少聪，察岐嶷，生五六岁，智意所及，就如成人之智。时孙权曾致巨象，太祖（曹操）欲知其斤重，访之群下，咸莫能出其理。冲曰：置象大船之上而刻其水痕所至，称物以载之，则校可知矣。太祖大悦，即施行焉。

这般历史上可靠的故事，曾编入小学教科书上。曹冲以6岁的小孩子，能发现科学上极重要的原理，谁能说中国人没有科学的天才吗？曹冲称象的实验，我们可以用模型来做，小孩子可以懂，民众亦可以懂，并且懂了不会忘记。从这个例子，我们可以推论到一般科学教材同教法的重要。

　　杠杆定理，不一定要物理实验书中规定的杠杆去做实验。我们有现成的秤。秤有所谓"头纽"、"二纽"或"头秤"、"二秤"。因为秤点或支点不同，称物的时候虽然用同重量的秤锤，而平衡的距离不同。我们倘若有一套已知重量的砝码，我们亦不妨让学生自己来画出秤码来。又如我们要称橘子或苹果，我们可把水果放在篮子里，这样取称的重量自然等于水果加篮子的重量。然后我们"除篮"，就是称空篮子重量；从总数中减去，即得水果的重量。这样的实验，实在已经引用了柏拉图的几何定理"相等减自相等，剩余相等"。按第一次取得重量假定为5斤，此5斤乃等于水果的重量（甲）加篮的重量（乙），或者说（甲）加（乙）等于5。除篮的工作，乃是将篮的重量（乙）称出来，假定为1斤，从等式的两边同时减去，故得（甲）=5-1=4。我们要知道水果的重量等于4斤，我们并没有直接称得。间接求得水果的重量为4斤，在算法上乃是五减一等于四；但在算理上乃是根据柏拉图的定律。由此更可知道柏拉图的定律并非抽象的，抽象的定律应用于日常生活，便是实用的科学了。

　　我们应当从日常生活和自然现象里多多取得教材，以求教法的改进。物理如此，化学如此，生物矿物更可以如此。我们对于青年科学的训练，在初学时期，最好注重多观察多实验，再从观察实验自己得到结论，自己明白定理。换句话说，我们要注重接触自然，认识自然；应用归纳的科学方法，从三得一，以进入科学知识的境地。等到有了相当程度以后，我们进而应用演绎的方法，举一反三，以求科学研究的发展。

（原载《顾毓琇全集》第 8 卷，辽宁教育出版社 2000 年版）

1889—1962

梅贻琦：工业化的前途与人才问题

工业化是建国大计中一个最大的节目，近年以来，对国家前途有正确认识的人士，一向作此主张，不过认识与主张是一回事，推动与实行又是一回事。工业化的问题，真是千头万绪，决非立谈之间可以解决。约而言之，这期间至少也有三四个大问题，一是资源的问题，二是资本的问题，三是人才的问题，而人才问题又可以分为两方面，一是组织人才，一是技术人才。近代西洋从事于工业建设的人告诉我们，只靠技术人才，是不足以成事的，组织人才的重要至少不在技术人才之下。中国号称地大物博，但实际上工业的资源，并不见得丰富。所以这方面的问题，就并不简单。而在民穷财尽的今日，资本也谈何容易？不过以一个多年从事于教育事业的人，所能感觉到的，终认为最深切的一些问题，还是在人才的供应一方面。

我认为人才问题，有两个部分，一是关于技术的，一是关于组织的。这两部分都不是急切可以解决的。研究民族品性的人对我们说：以前中国的民族文化因为看不起技术，把一切从事技术的人当作"工",把一切机巧之事当作"小道",看作"坏人心术",所以技术的能力,在民族的禀赋之中,已经遭受过大量的淘汰,如今要重新恢复过来,至少恢复到秦汉以前固有的状态,怕是绝不容易。组织的能力也是民族禀赋的一部分,有则可容训练,无则一时也训练不来;而此种能力,也因为多年淘汰的关系,特别是家族主义一类文化的势力所引起的淘汰作用,如今在民族禀赋里也见得异常疲弱;一种天然的疲弱,短期内也是没有方法教他转变为健旺的。这一类的观察也许是错误的,或不准确的。但无论错误与否,准确与否,我以为他们有一种很大的效用,就是刺激我们,让我们从根本做起,一洗以前头痛医头脚痛医脚的弊病。所谓从根本做起,就是从改正制度转移风气着手。此种转移与改正的努力,小之可将剩余的技术与组织能力,无论多少,充分的选择、训练,而发挥出来;大之可以因文化价值的重新确定,使凡属有技术能力与组织能力的人,在社会上抬头,得到社会的拥护和推崇,从而在数量上有不断的增加扩展。

改正制度转移风气最有效的一条路是教育。在以前,在国家的教育制度里,选才政策里,文献的累积里,工是一种不入流的东西,惟其不入流品,所以工的地位才江河日下。如今如果我们在这几个可以总称为教育的方面,由国家确定合理的方针,切实而按部就班的做去,则从此以后,根据"君子之德风,小人之德草,草上之风必偃"的颠扑不破的原则,工的事业与从事此种事业的人,便不难力争上游,而为建国大计中重要方面与重要流品的一种。这种教育方针前途固然缺少不得，却也不宜过于狭窄，上文所云合理两个字，我以为至少牵涉到三个方面：一是关于基本科学的，二是关于工业技术的，三是关于工业组织的；三者虽同与工业化的政策有密切关系，却应分作三种不同而互相联系的训练，以造成三种不同而可以彼此合作的人才。抗战前后十余年来，国家对于工业的提倡与工业人才的培植，已经尽了很大的努力，但我以为还不够，还不够合理；这三种训练与人才之中，我们似乎仅仅注意到了第二种，即技术的训练，与专家的养成。西洋工业文明之有今日，是理工并重的，甚至于理论的注意要在技术之上，甚至于可以说，技术的成就是从理论的成熟之中不期然而然的产生出来的。真正着重技术，着重自然科学对于国计民生的用途，在西洋实在是比较后起的事。建国是百年的大计，工业建国的效果当然也不是一蹴而就。如果我们在工业文明上也准备取得一种独立自主的性格，不甘于永远拾人牙慧，则工程上基本的训练，即自然科学的训练，即大学理学院的充实，至少不应在其他部分之后，这一层就目前的趋势说，我们尚未多加注意。这就是不够合理的一层，不过，这一层我们目下除提到一笔而外，姑且不谈，我们可以认为它是工业化问题中比较更广泛而更基本的一部分，值得另题讨论。本文所特别留意的，还是技术人才与组织人才的供应问题。

为了适应今日大量技术人才的需要，我认为应当设专科学校或高级工业学校和艺徒学校。高级的技术人才由前者供给，低级的由后者供给，而不应广泛而勉强的设立许多大学工学院或令大学勉强的多收工科学生。大学工学院在造就高级工业人才与推进工程问题研究方面,有其更大的使命,不应使其只顾大量的出产,而将品质降低,而且使其更重要的任务,无力担负。我们在工业化程序中所需的大量的技术人员,大学工学院实无法供给,亦不应尽要他们供给。德国工业文明的发达,原因虽然不止一端,其高级工业学校的质量之超越寻常,显然是一大因素。此种学校是专为训练技术而设立的,自应力求切实,于手脑并用之中,要求手的运用娴熟。要做到这一点,切忌的是好高骛远,不着边际。所谓不好高骛远,指的是两方面:一是在理智的方面,要避免空泛的理论,空泛到一个与实际技术不相干的程度;二是在心理与社会的方面,要使学生始终甘心于用手,要避免西洋人所谓的"白领"的心理,要不让学生于卒业之后,急于成为一个自高身价的"工程师",只想指挥人做工,而自己不动手。我不妨举两个实例,证实这两种好高骛远的心理在目前是相当流行的。此种心理一天不去,则技术人才便一天无法增加,增加了也无法运用,而整个工业化计划是徒托空言。

我前者接见到一个青年,他在初中毕业以后,考进了东南的某一个工程专科学校,修业5年以后,算是毕业了。我看他的成绩单,发现在第三年的课程里,便有微积分、微分方程、应用力学一类的科目;到了第五年,差不多大学工学院里普通所开列的关于他所学习的一系的专门课程都学完了,而且他说,所用的课本也都是大学工学院的课本。课本缺乏,为专科学校写的课本更缺乏,固然是一个事实,但这个青年果真都学完了么?学好了么?我怕不然,他的学力是一个问题，教师的教授能力与方法也未始不是一个问题。五年的光阴，特别是后三年，他大概是囫囵吞枣似的过去的。至于实际的技能，他大概始终在一个半生不熟的状态之中，如果他真想在工业方面努力，还得从头学起。这是关于理论方面好高骛远的例子。

在抗战期间的后方，某一个学校里新添了几间房子，电灯还没有装，因为一时有急用，需要临时装设三五盏。当时找不到工匠，管理学校水电工程的技师也不在，于是就不得不乞助于对于电工有过专门训练的两三位助教。不图这几位助教，虽没有读过旧书，却也懂得"德成而上，艺成而下"与"大德不官，大道不器"的道理，一个都不肯动手，后来还是一位教授与一位院长亲自动手装设的。这些助教就是目前大学理工学院出身的，他们是工程师，是研究专家，工程师与研究专家有他的尊严，又如何以做匠人的勾当呢？这是在社会心理上好高骛远的例子。

关于艺徒学校的设立，问题比较简单。这种学校，最好由工厂设立，或设在工厂附近，与工厂取得合作。初级的工业学校，也应当如此办理。不过有两点应当注意的：一要大大增添此种学校的数量；二要修正此种学校教育的目标。目前工厂附设艺徒班，全都是只为本厂员工的挹注设想，这是不够的。艺徒班所训练的是一些基本的技术，将来到处有用，我们应当把这种训练认为是国家工业化教育政策的一个或一部分，教他更趋于切实、周密；因而取得更大的教育与文化的意义，否则岂不是和手工业制度下的徒弟教育没有分别，甚至于从一般的生活方面说，还赶不上徒弟教育呢？艺徒学校的办理比较简单，其间还有一个原因，就是加入的青年大都为农工子弟，他们和生活环境的艰苦奋斗已成习惯，可以不致于养成上文所说的那种好高骛远的心理。对于这一点，我们从事工业教育的人还得随时留意，因为瞧不起用手的风气目前还是非常流行，他是很容易渗透到工农子弟的脑筋上去的。

大学工学院的设置，我认为应当和工业组织人才的训练最有关系。理论上应当如此，近年来事实的演变更教我们不能不如此想。上文不是引过一个工学院毕业的助教不屑于动手装电灯的例子么？这种不屑的心理固然不对，固然表示近年来的工业教育在这方面还没有充分的成功，前途尚须努力。不过大学教育毕竟与其他程度的学校教育不同，它的最大的目的原在培植通才；文、理、法、工、农等等学院所要培植的是这几个方面的通才，甚至于两个方面以上的综合的通才。它的最大的效用，确乎是不在养成一批一批限于一种专门学术的专家或高等匠人。工学院毕业的人才，对于此一工程与彼一工程之间，对于工的理论与工的技术之间，对于物的道理与人的道理之间，都应当充分了解，虽不能游刃有余，最少在这种错综复杂的情境之中，可以有最低限度的周旋的能力。惟有这种分子才能有组织工业的力量，才能成为国家目前最迫切需要的工业建设的领袖，而除了大学工学院以外，更没有别的教育机关可以准备供给这一类的人才。

因此我认为目前的大学工学院的课程大有修改的必要。就目前的课程而论，工学院所能造就的人才还够不上真正的工程师，无论组织工业的领袖人才了。其后来终于成为良好的工程师和组织人才的少数例子，饮水思源，应该感谢的不是工学院的教育，而是他的浑厚的禀赋与此种禀赋的足以充分利用社会的学校或经验的学校所供给他的一切。就大多数的毕业生而言，事实上和西洋比较良好的高级工业学校的毕业生没有多大分别，而在专门训练的周密上，不良态度的修正（如不屑于用劳力的态度）上，怕还不如。

要造就通才，大学工学院必须添设有关通识的课程，而减少专攻技术的课程。工业的建设靠技术，靠机器，不过他并不单靠这些。没有财力，没有原料，机器是徒然的，因此他至少对于经济地理、经济地质，以至于一般的经济科学要有充分的认识。没有人力，或人事上得不到适当的配备与协调，无论多少匹马力的机器依然不会转动，或转动了可以停顿。因此，真正工业的组织人才，对于心理学、社会学、伦理学，以至于一切的人文科学、文化背景，都应该有充分的了解。说也奇怪，严格的自然科学的认识倒是比较次要；这和工业理论的关系虽大，和工业组织的关系却并不密切。人事的重要，在西洋已经深深的感觉到，所以一面有工业心理的工商管理一类科学的设置，一面更有"人事工程"（Human Engineering）一类名词的传诵。其在中国，我认为前途更有充分认识与训练的必要，因为人事的复杂，人与人之间的易于发生摩擦，难期合作，是一向出名的。总之，一种目的在养成组织人才的工业教育，于工学本身与工学所需要的自然科学而外，应该旁及一大部分的人文科学与社会科学，旁及得愈多，使受教的人愈博洽，则前途他在物力与人力的组织上，所遭遇的困难愈少。我在此也不妨举一两个我所知的实例。

我以前在美国工科大学读书的时候，认识一位同班的朋友，他加入工科大学之前，曾经先进文科大学，并且毕了业；因为他在文科大学所选习的自然科学学程比较的多，所以进入工科大学以后，得插入三年级，不久也就随班毕业了。就他所习的工科学程而言，他并不比他同班的为多，甚至于比他们要少，但其他方面的知识与见解，他却比谁都要多，他对于历史、社会、经济，乃至于心理学等各门学问，都有些基本的了解。结果，毕业后不到十年，别的同班还在当各级的技师和工程师，他却已经做到美国一个最大电业公司的分厂主任，成为电工业界的一个领袖了。

这是就正面说的例子，再就反面说一个。在抗战期间，后方的工业日趋发展，在发展的过程里，我们所遭遇的困难自然不一而足，其中最棘手的一个是人事的不易调整与员工的不易相安。有好几位在工厂界负责的人对我说，目前大学工学院的毕业生在工厂中服务的一天多似一天，但可惜我们无法尽量的运用他们；这些毕业生的训练，大体上都不错，他们会画图打样，会装卸机器，也会运用机巧的能力，来应付一些临时发生的技术上的困难；但他们的毛病在不大了解别人，容易和别人发生龃龉，不能和别人合作，因此，进厂不久，便至不能相安，不能不别寻出路。不过在别的出路里他们不能持久，迟早又会去而之他。有一位负责人甚至于提议：可否让学生在工科学程卒业之后，再留校一年，专攻些心理学、社会学一类的课程。姑不论目前一样注重专门的心理学与社会学能不能满足这位负责人的希望，至少他这种见解与提议是一些经验之谈，而值得我们与以郑重的考虑的。

值得郑重考虑的固然还不止这一点，不过怎样才可以使工科教育于适度的技术化之外，要取得充分的社会化与人文化，我认为是工业化问题中最核心的一个问题；核心问题而得不到解决，则其他边缘的问题虽得到一时的解决，于工业建设前途，依然不会有多大的补益。这问题需要国内从事教育与工业的人从长商议（如修业年限问题，如课程编制问题……皆是很重要而须审慎研究的），我在本文有限的篇幅里，只能提出一个简单的轮廓罢了。

至于工科大学的教育，虽如是其关系重要，在绝对的人数上，则应比高初级工业学校毕业的技术人才只估少数，是不待赘言的。工业人才，和其他人才一样，好比一座金字塔，越向上越不能太多，越向下便越多越好。因此，我以为大学工学院不宜无限制的添设，无限制的扩展，重要的还是在质的方面加以充实。而所谓质：一方面指学生的原料必须良好，其才力仅仅足以发展为专门技工的青年当然不在其内；一方面指课程的修正与学风的改变，务使所拔选的为有眼光与有见识的青年。所以进行之际，应该重通达而不重专精，期渐进而不期速效。目前我们的工业组织人才当然是不够，前途添设扩充工科大学或大学工科学院的必要自属显然；不过无论添设与扩充，我们总须以造就工业通才的原则与方法为指归。出洋深造，在最近的几十年间，当然也是一条途径，不过我以为出洋的主要目的，不宜为造就上文所说的三种人才中的第二种，即狭义的技术人才，而宜乎是第一种与第三种，即基本科学人才与工业组织人才。第一种属于纯粹的理科，目前也姑且不提；就工业而言工业，还是组织才比较更能够利用外国经验的长处。不过我们还应有进一步的限制。一个青年想出国专习工业管理，宜若可以放行了。不然，我们先要看他在工业界，是否已有相当的经验，甚于在某一种专业方面，是否已有相当的成就，然后再定他们的行止；要知专习一两门工业管理课程，而有很好的成绩，并不保证他成为一个工业组织人才。

最后，我们要做到上文所讨论的种种，我必然再提出一句话，作为本文的结束。学以致用，不错；不过同样一个用字，我们可以有好几个看法，而这几个看法应当并存，更应当均衡的顾到。任何学问有三种用途：一是理论之用；二是技术之用；三是组织之用。没有理论，则技术之为用不深；没有组织，则技术之为用不广。政治就是如此，政治学与政治思想属于理论，吏治属于技术，而政术或治道则属于组织；三者都不能或缺。工的学术又何尝不如此。近年来国内工业化运动的趋势，似乎过去侧重技术之用，而忽略了理论之用和组织之用，流弊所及，一时代以内工业人才的偏枯是小事，百年的建国大业受到不健全的影响却是大事，这便是本篇所由写成的动机了。

（原载《周论》第 1 卷第 11 期，1948 年 6 月）

1891—1962

胡适：大学教育与科学研究

方才进礼堂来，看大家都是有颜色的，我却是没颜色的。我在政治上没有颜色，在科学上也没有颜色。我也可算是一个科学者，因为历史也算一种科学。凡是用一种严格的求真理的站在证据之上来立说来发现真理，凡拿证据发现事实，评判事实，这都是一种科学的。希望明年"双十节"，史学会也能参加这会，条子也许会是白颜色的。

我今天讲一个故事，希望给负责教育行政或负责各学会大学研究部门的先生们一点意见。我讲的题是"大学教育与科学研究"，不用说，科学研究是以大学为中心。在古代却以个人为出发点，以个人好奇心理，来造些粗糙器皿。还有，为什么科学发达起于欧洲呢？这一点很值得注意。对这虽有不少解释，可是我认为种种原因都不重要，最重要的是自中古以来留下好几十个大学。这些大学没有间断，如意大利伯罗尼亚大学，法国巴黎大学，英国牛津大学、剑桥大学等，这些都是远有一千年九百年或七八百年历史的，因此造成科学的革命。这些大学不断的继长增高，设备一天天增加，学风一天天养成，这样才有了科学研究。研究人员终身研究，可是研究人才是从大学出来的，他们所表现的精神是以真理求真理。这一个故事是讲美国在最近几十年当中造成了几个好大学。美国以前没有 university 只有 college，美国有名符其实的大学是在南北美战争以后。为什么在七十年当中，美国一个人创立了一个大学，从这一个人创立了大学，提倡了新的大学的见解、观念、组织，把美国高等教育革命，因而才有今天使美国成为学术研究中心呢？美国去年出版了两个纪念专集，一个是威尔基专集，一个是吉尔曼专集。吉尔曼（D. C. Gilman）创立了约翰斯·霍普金斯（Johns Hopkings University）大学，后来许多大学都跟着他走，结果造成了今日美国学术领导的地位。大家听了这个故事，也许会从中得到一个 stimulation。

话说九十四年前，有两个在耶尔学院的毕业生，一个是二十一岁的怀特，一个是二十五岁的吉尔曼，那时美国驻苏公使令此二人作随员，一个作了三年多，一个作了两年多。怀特于三十五岁时做了康奈尔大学校长，吉尔曼四十一岁作了加利佛尼亚大学校长，吉氏未作长久，两年后就辞职了。当时在美国东部鲍尔梯玛城有一大富翁即霍普金斯，他在幼小时家穷，随母读书后去城内作买卖，因赚钱而开一公司，未几十年就当了财主。他在七十岁时立一遗嘱，要将所有遗产三百五十万美金分给一医学院和一大学作基金。1873年，他七十九岁时逝世，他的遗嘱生了效。翌年，即开始创办大学，当时董事会请哈佛大学校长艾利阿特（C. W. Eliot）、康奈尔大学校长怀特和密士根大学校长安其尔来研究。那时以如此巨款办大学，真是空前的一件事，那时该校董事长的意思是要办一"大学",可是请来的这三位校长却劝他们要顾及环境,说什么南方不如北方文化高啦,办大学不是从空气里能生长的等语。后来,董事会请他们三人推选校长,三人却不约而同的选出吉尔曼来当校长。吉尔曼做了校长,他发表了他的见解说,应全力提倡高等学术,致力于提倡研究考据,把本科四年功课让给别的学校教,我们来办研究院,我们要选科学界最高人才,给他们最高待遇,然后严格选取好学生,使他们发展到学术最高地步,每年并督促研究生报告研究成绩,并给予出版发表机会。因为那时的高才的教授们,都在教学院的学识浅近的学生,或受书店委托编浅近的教科书,如果给他们安定的生活,最高的待遇,便可以专心从事更高深的研究。这时吉尔曼四十四岁做该大学校长,并且,他决定了以下的政策:研究院外,办理附属本科。最初附属本科只二十三个学生,研究院五十多个,大约二与一之比;可是二十多年以后,研究院的学生到了四百多,附属本科仅一百多,却是四与一之比了。并且,第一步他聘请教授,第一位请的是希腊文教授费尔斯,四十五岁;第二位是物理学教授劳林,才二十八岁;第三位是数学教授塞尔威斯特,六十二岁;第四位是化学教授依洛宛斯;第五位是生物学教授纽尔马丁;第六位也是希腊文拉丁文教授查尔玛特斯。第二步他选了廿二个研究员,其中至少有十个以上成了大名。他的教授法,第一二年是背书,后二年讲演,自然科学也是讲演。第三步是创办科学刊物,这可算是美国发表科学刊物之创始。1876年,出版算学杂志,1880年创刊语言学杂志,以及历史政治学杂志、逻辑学杂志、医学杂志等八大杂志，而开始了研究风气。

以上这三件事使美国风云变色。在这里我再谈谈办医学研究的重要：这个大学开幕已十年，医学院尚未开办，但因投资铁路失败，鲍尔梯玛城之女人出来集款，愿担负五十万美金的开办费，但有一条件是医学院开放招收女生。

当这大学的方针发表后，全美青年震动，有一廿一岁之青年威尔其（Welch），刚毕业于纽约医科学校。那时无一校有实验室，他因欲入大学，1876年赴欧洲作三学期之研究，1878年回美国，可是找不到实验室。最后终找一小屋，这是第一个美国"病理学研究室"，以廿五元开办。他作了五六年研究后，有一老人来找他，请他作霍普金斯医学院病理学教授，后并升任院长，创专任基本医学教授之制，而成立了医学研究所。

最后，吉尔曼于1902年辞掉他已作了廿五年的校长，在那个典礼上，吉尔曼讲演，他说：约翰斯·霍普金斯给我们钱办大学，可是没有告诉我们大学的一个定义。我们要把创见的研究，作为大学的基础。这时，后来任美国总统，也是那个大学的第一班学生威尔逊站起来说："你是美国第一个大学的创始者，你发现真理、提倡研究，不但是在我们学校有成绩，给世界大学也有影响。你创始了这师生合作的精神，你是伟大的。"同时，以前曾被邀请参加创办大学意见的哈佛大学校长艾利阿特发表谈话，他说："你创立了研究院的大学，并且坚决的提高了全国各大学的学术研究，甚至连我们的哈佛研究院也受了你的影响，不得不用全体力量来发展研究。我要强调指出,大学在你领导之下是大成功,是提倡科学研究的创始,希望发现一点新知识,由此更引起新知识,这年轻的大学,有最多的成绩。我最后公开承认你的大学政策整个范围是对的。"

（本文为胡适1947年10月10日在天津六科学团体联合会上的讲演。原载《世界日报》,1947年10月11日）

钱伟长：大学教师必须搞科研

青年同志们，今天是你们的节日。昨天北京举行的全国共青团代表大会称你们是跨世纪的人，有很多要求，寄希望于你们。今天我主要谈谈你们在学校如何成为一个跨世纪的人才。学校将来是你们的，国家也是你们青年的。

学校如何办好？我认为关键是有一支好的教师队伍。清华大学老校长梅贻琦说过，一个大学不是有大房子就行，而是要有很好的大师。新中国成立时清华教师只有一百七十五人，职工也不多，学生有三千多人。有大师压阵，学校内学术气氛很浓，环境很安静。清华以前是留美预备学校，1925年才正式成为大学。到新中国成立时二十四年间培养了不少有用人才，在各个行业，都是全国拔尖的，如闻一多、费孝通，当时年仅三十岁上下，已经是很有名气的青年教授。后来科学院的学部委员中，清华大学的占55%，它的一个系里就有几个学部委员，所以学术气氛很浓，学术水平很高。他们不光是教书，而是一边教书一边在搞课题。

一个人成功不成功，不看他是不是大学毕业，而是看他有没有创造性。有个很突出的例子，华罗庚没有正规进过大学，进清华时是个中学毕业生。他在《中学生》杂志上发表了一篇文章，讲了对中学数学教学的几条意见，给当时清华数学系的主任熊庆来看见了，他觉得这个人很有见地，一打听才知道华罗庚是常州西边金坛乡村里一个杂货铺的伙计，中学毕业没有钱上大学，熊庆来就把他拉到清华了。当然他不能当教员，就请他做数学系的文书，帮助系主任应付门市。可是，允许他听课，爱听什么自己挑。三年以后他写了一篇数学方面的论文，是用中文写的，他英文不好。后来，我们同班有个同学给他译成英文，送到日本（因为中国那时没有数学杂志），在日本北海道大学的校刊上发表，这是一篇很好的论文。文章发表以后，他可以当助教了，以后一连又发表了几篇文章。后来我当研究生他当讲师。他没上过大学，讲课倒是讲得很清楚的。清华有个规矩，所有教师五年内有一年假期，可以出国一次，在某个学校里进修。他就到芝加哥去进修一年。1937年夏天去的，1938年回来了。回来以后，因为他文章很好，立刻就破例升为教授，在昆明的西南联大任教授。他没有上过大学，只是零零星星听过课，同时自己做研究。他是完全凭科研成绩变成大学教授的。这样的人能不能当教授？讲课行不行？我们学苏联制度以后，有教学法方面的要求，他没有研究教学法，可是课讲得不坏。为什么？因为他从事他教的课程方面的研究工作，他晓得这学问的来龙去脉，当前这门学问有几个分支在发展，为什么发展？将来有可能发展到哪儿去？这些情况他完全清楚。因为他是在这个队伍中长大的。他完全理解这个学科在当时的地位，每个学科间的相互关系，因此他能讲清来龙去脉。讲课最主要的是来龙去脉，要讲清楚，就能使同学晓得它的重要性，晓得发展方向，晓得困难所在。他和学生关系也很好，后来当然越来越有名了，成为中国数学界的带头人。我举这个例子，无非是告诉大家，一个人的成长和在学术界的地位，靠的是什么？靠的不是等，不是大学毕业，得硕士、博士学位，或者是讲师变成副教授。他当讲师时的地位实际上已经不低了，因为他发表了几篇很重要的文章，以后自然而然地不给他教授他也是教授了。他在教学工作中、在学术界起作用，他就推动了我们国家的发展。

因此，科研是非常重要的。过去曾经有人主张，大学里教书，研究所里研究学问，叫作教学与科研分家，为这个事斗争了三十年。1950 年到 1978 年，在学校里科研是不受重视的，因为这是为个人服务的不是为国家服务的。有人说教书是讲教学法的，教学法好教书自然好，不讲学问，这是非常荒谬的，我坚决反对，我的右派跟这有关。

是邓小平同志救了我们国家的教育，他提出来学校里要有两个中心，教育是一个中心，科研是一个中心，是 1978 年提出来的。那时候学校的情况很惨，这样提出来才开始变化。可是在执行中也发生了另一个问题，就是叫两个中心、两支队伍。学校里专门有一批人搞科研，另一批人专门教书。以后有的学校执行了，有的学校没执行，有人既要教书又要搞科研，因为经费限制，使你不得不那么做。

教书不是留声机，不是拿几张纸去念。讲课应该把你理解的内容生动活泼地讲出来，不要稿子。可是我们过去推行的是什么呢？一个大纲一本教材。对教材非常重视，钦定教材，钦定是皇帝定的，你不能改。可是要讲好课，教材需要年年改变。我举个例子。我在大学里念热力学念得很好，既晓得基本理论，还晓得实用的方面，我自以为不错的。我1939年到昆明，我的老师叶企孙要到重庆去，让我替他讲热力学，我以为没有问题就接下来了。我是1月1日到昆明的，他把他已经写好的五次讲课的稿子给了我，每讲是练习本上的三页，还把他以前讲课的讲稿也给了我。因为离开课的时间还有一个月，我觉得我很有把握也没仔细看。临到讲的时候翻翻看，一看吓我一跳，他一共讲三十五堂课，每堂讲义题目和我从前学的一样，大纲完全一样，可是内容都不一样。比如中间有一讲要讲能量守恒定律，能量守恒定律来龙去脉要交代，要举几个例子，他的习惯要举三个例子，从前的三个例子我听了觉得可以了，这次一看都不一样了。再仔细一看懂了，原来他的讲稿每年重写，从来不一样，每年都变。一年里世界上许多东西都在发展，很多地方要用到能量守恒定律，应用的方面不一样。他选择的东西都是这个年度里各杂志上发表的在能量守恒定律使用方面最能说明问题、又结合当前其他科学发展的例子，这跟很多人想得不一样。每年第二学期上课，第一学期他已经在备课了。要搜集很多新的期刊，把里头好的、适合于讲课的、又体现最现代化的东西拿来讲，这个课当然讲得好了。这对我的教育是很大的。从此以后，我的课也是这样的，我的例子不断地挑选，经常换不同的例子，中心思想一样。

这样促使你进步，使你不能停顿下来，你不能今年还举二十年前的例子。现在有些人一本讲义用了三十年，他倒背都能背出来，还要备什么课。叶企孙不是这样看。因为热力学是一个世纪前定下来的东西，还在讲，一直用到现在，不断在新的问题上使用。靠着一本讲义、一本教科书过日子不是一个好教师，对于学生没有任何推动作用。所以我说我们的教师不光要把课讲好，还必须了解当代科技的发展情况，结合你那门学问的东西首先要了解得更清楚。所以科研很重要，再忙也不能放下来。我们应该向叶企孙这样的人学习。

他在1937—1938年间曾经派了好几个学生，还派了清华物理系的一批职工，到解放区帮助吕正操（*冀中军区司令员，之后做过铁道部部长*）搞兵工厂，东西从天津、北京偷运到河北南部。他不是国民党人也不是共产党人，他就这样做。冀中区能坚持下来跟他有关系。他帮助他们印钞票、搞邮政、运煤、运石油、制造火药。后来炸铁路，搞地雷战，都是由他们打下的基础，派了学生去帮忙，自己做火药。国民党撤退时要他一起撤退他不干，他说我们国家有希望，留了下来。可是有人说他是国民党派遣的特务。后来吕正操出来证明是错的，在1983年平反了，可他已经在1975年过世了。他从来没有停止过以他的身份为我们国家工作，他也不求名利始终坚持在国内待下来。叶企孙自己是一无所有，他连婚也没结，并不是经济上困难也不是没有房子，也没有生理缺陷。他没结婚原因很简单，是没有工夫。我讲这个插话主要是说，我们应该向这种人学习，为我们祖国的发展培养大量人才。

那么，什么叫科研？科研就是解决学问发展和生产需要、社会变革所产生的问题。你能去解决，就是科研。一个学问发展时，常常碰到难关，解释不清楚，你要努力去解释，需要进行实验，用实验来证明，这都是科研。你讲给学生听的，就是讲这些的发展过程，讲它的关键问题。教学并不只是传播知识，要用知识是怎样发展来的启发学生，怎么进一步再推进。一门课各人讲的内容可以不同，举的例子完全可以不一样，可是这门学问总的、综合的几个部分是一样的。也有可能这部分讲得多一些，那部分讲得少一些，各位教师应该有自由，但是这个自由是建筑在他自己走过的道路的基础上面的。你要没有走过这道路是讲不好的，讲的是平面的东西，不是一个发展的东西、能动的东西，所以你必须要做科研。当然科研的题目有好有坏、有大有小、有重要的有不重要的，是有区别的。你首先要做，要做好的、重要的，这是两个要求。你使你这门学问走前一步，这种工作是重要的。一个问题过去闹不明白，没办法，现在你走一步，使它有办法。比如加工，把加工精密度提高一级，要许多知识组合起来才行，那么这个就是重要的，因为你使这门学问向前走了一步，人家走不了你走过去了。再比如生产汽车，你能把汽车现在有的速度、载重量、安全性、耐用性都做到，可你又能降低成本，这一条你能做到，就是向前跨了一步，因为你使汽车更有价值，更多人能用它。这就是科研，使你那个学问跨前一步，很具体。当然还有其他的也叫科研。如你提出一个新问题，从前没人提过你提出来了，并且努力解决了，这是重大发展。比如昨天电视里在讲生物工程，举了两个例子：土豆有病虫害，要喷药，研究什么药治什么虫，把病虫的生命史研究清楚，什么时候喷药，喷什么药，这个药应该不污染土地，人吃了也不中毒，这当然是一个课题啦，这是一种研究办法，研究出来是有用的。但也不一定就只有这种办法，药有各种各样，要讲效果，讲成本，成本要低。这都是科研。可是现在提出一种办法：能不能在土壤里加一点东西，根吸收了这种东西，一直到叶子里头去，普通虫都吃叶子，一吃就死了。这个想法很厉害，就是说，以后我不喷药了，施肥的时候，加上这些微量的东西，土豆吸收以后，病虫害一吃就死了。还不止这样，又有人考虑，能不能用生物工程的办法改造细胞，使土豆细胞在生长过程中变了种，那细胞在土里特别喜欢吃那个东西，地里只要有一点，它就吸收去了。他就研究这个，结果找到了这样一种细胞，对原来细胞经过改革的细胞，这种细胞有特异功能。你看这进步多大啊？你没想过吧？他想出来了。还有第二种，现在很多泡力曼，叫高分子，是用土豆的原材料来做的。高分子有两种基本原料，一是土豆，一是大豆。大豆贵，日本人买去搞高分子化合物的。现在用另外一种办法，本来要用土豆、大豆做原料，他想，能不能在土豆培养过程中，使它长出来一磨碎就是高分子化合物。这个土豆不能吃了，就是在土里种高分子化合物。这一步相当厉害，你想过没有？他试验成功了。

　　本来是两步，第一步先得了土豆，土豆是生物，农业产品，要加工以后再变成泡力曼，应该叫聚合物；第二步是化工过程。现在化工过程由农业完成，当然省钱，这叫重大发明，是重大的科学进步。前一种研究人人可以做，后一种要有很先进的想法，有了想法，你再想怎么来做。一件事，我嫌它过去完成的方法落后，我用一种新方法完成了，这当然是科研。或者把本来有的方法移花接木，用在别的事情上面，这也叫科研。你要用得好，很方便，东西是现成的，你换个地方用上去就行了。还有一种，用旧的方法解决一个新问题，也是一种科研。方法都晓得，就是不晓得这方法用在这个上面可以解决问题，你想到了，就是提出了新问题。无非就是这些。至于用老方法解决老问题，这不算是科研。

在科学中，可以把好多人家弄出来的东西组织起来，讲出来，讲得头头是道，这可以。你总讲老东西，以后有的东西淘汰了，我们改成选课制，就没人来听你的了。科学的发展要求我们不断吸收新东西，来改进旧东西。

改进材料或者改进工艺等等，这都是可以的。这是不是很难？现在要创造一个条件，使它容易。假如我们有了一个学术集体，这个条件就存在了。大家经常在一起议论，你没有注意的事有人告诉你这里有问题，你去试试，成功了。你有困难，大家聊聊天，困难就解决了。可是当没有一个集体时，你一个人怎么办？现在学校里要发展一个新的学科，把你请来了，你一个人，怎么办？只有一条路：向书本求教、向工厂求教、向社会求教。书本、工厂、社会，甚至农业，都是信息所在地，你要去把信息抓来。最重要的是每个月都在发表的科学期刊，这期刊是信息来源，它都是当前科技发展的情况，人家做了，你就不用去重做，省了时间。因此必须重视科学期刊。我们学校是一贯重视的，可是很多同志不重视。有两个困难，一个是文字上的困难，有各种文字的期刊，俄文的、德文的、英文的、法文的，你看不懂。其实，科技文章的外语是比较容易的，和文学不一样，你可以看懂科技文章而看不懂小说。科技文章哪儿该有个动词，就得有个动词，不会落掉的；那里面也绝不会有个惊叹号，好懂。可恨的是我们现在推行托福主义，托福考试都是为文学服务的，不是为科学服务的。科学的英语、科学的俄语是很容易学的。

我讲个例子。1952年院系调整，5月布置下来，9月要开学，全部用苏联教材。我们都不认识俄文，怎么办？苏联教育部很积极，把全部俄文教材都运到北京，装了好几车皮。我那时是清华的教务长，我想这个关得过。怎么过呢？我先打听有没有个别人学过俄文？一打听，摸到一个人，是我的助教，他是东正教的教徒。我说，你懂得俄文就有办法。我就派了一个人，我说：你和他合作，要编一个两个礼拜学会俄文的教材。我提出几个要求：两个礼拜里头学会三十二个俄文字母怎么念，学会专业（**比如力学**）的七百个名词，七十个常用动词，至于其他问题，你别管它，反正我的力学清清楚楚，我会翻译的，管它是动词名词、过去式、现在式，这无所谓，都不用管。因为力学我们都会教的嘛，看看图，我会估计它怎么讲的，你怕它干什么。我说你们两个都是学力学的，你可以挑出那些字来。力学教研组的人两礼拜不做事，就学这个。背下来以后，就搞第一本我们翻译的教材，我说，你们组织起来翻译。居然翻译出来了。力学都懂，内容都一样啊，猜嘛。这个动词和名词连在一起是什么意思。第二步是全校推广，这样居然行通了。9月开学，教科书都翻译出来了。有没有错？有的。为此还打官司：我们叫"刚体"，苏联叫"硬的物体"，怎么翻呢？有人不敢翻"刚体"，怕不是"刚体"，我说你根据前后文，大概是"刚体"就行了。我们就翻"刚体"，哈尔滨翻成"硬的物体"，为这个还吵了一场。就这样，四个年级的课都开出来了，一点儿问题也没有。讲义都是油印的，第二年铅印的讲义也出来了。个别地方有错，后来都修正了。以后这批人有很多俄文都讲得挺好。现在，你要是英文不行，你去学两个礼拜，有这种班的。那时叫速成俄文。外国有速成俄文、速成法文、速成英文，我念德文、法文都是速成的，自学的多，因此我发音不准，但能看书。目的就是能看书，没什么大不了的事，我又不去演戏，不去作公开讲演，只要能看懂你的东西就行了。所以这个不是困难。你们可能觉得外语困难，应该藐视外语，要不然你们不敢上去。这是一个。第二，你们对这些杂志不了解，我要问你，你本专业有哪几本杂志在国际上是有名的？可能有很大一部分人说不出来。告诉大家一个情况，现在全中国，包括北京大学、清华大学、复旦大学、上海交通大学在内，我们学校的杂志最好、最全。没钱买外国的杂志，我们买的都是翻印的杂志。翻印的出版社是光华出版社，是1954年总理把我派到上海办这事的。我跟总理反映，没有杂志，科技很难发展，买是买不起的，国家买个一两份，我们翻印。总理同意，说你去办，我就来办了。办了一个翻印杂志的公司，现在叫出版社。通过大使馆订他们的杂志，订以后，在这里翻印，发给大家，一直到现在。最近有点困难了，因为有版权问题。过去我们不管版权。开始时，翻印完了，这批杂志是全部毁掉的；后来改进了，不毁了。我到上海来，第一件事就跑光华出版社，说你有的杂志全给我。所以凡是光华印的杂志我们都有，都是原版，全国就此一家。其他人只能订一点翻印的。美国的很多专家来了发现这个以后，觉得这是个了不起的学校。好多同行一看就很明白，你这个资料是全的。时间上，晚了一点，晚三个月，这有什么关系？我们落后了三年、五年、十年了。一共有多少种呢？现在有三千七百多种，十年里是全的。当然有些遭到破坏，有人私自把网络图挖走了，这是很不道德的。除此之外，基本上都还有。不过从今年起有点困难了，这资料是他们送的，因为我同他们的关系在那里。是我创始整个事业的，我跟他们规划买什么杂志，因此他们不要钱。后来过了几年要钱了，要30%，后来经济困难，要50%。今年不止了，还要涨，这一来，我们学校钱不够了，我们已经花了二十几万元，明年要三十几万元，所以正在想法子。这是一批非常可贵的材料，连科协都没有。

外国的教科书可以参考，不过这是落后的东西。因为文章今年出来，今年有人写教科书参考它，把它收进去。可这本书不是一年两年可以写出来的，尤其是外国人，他写完了还得讲一遍，才敢出版。这一来就三年过去了。拿去投稿、交涉、签合同，等印好又一年，已经四年了，我们买来，再在这里泡一年，就五年了。我们用的是五年前的东西，近五年的东西教科书里不会有。至于我们的教师接受了外国教科书的东西再写到我们的教科书里，又差两年，是七年以前的东西。最近的东西要看什么？看杂志。我再三强调，我们这些宝贵资料，凡是内行人，一看都觉得了不起，可是恰恰我们学校有人最不重视。我只要到学校来，就一定到图书馆，去看看这个阅览室有几个人去过。到现在为止，一个月去不了三十个人。

今天是五四青年节，我跟大家谈，科研是重要的，你们要接这个班，你们是跨世纪的人，必须搞科研。第一你们得先看杂志，否则你们想的不是人家已经研究过的东西，就是根本不值得研究的问题，不是发展道路上必须过的关。要了解在你这个学问里的世界最新形势，必须看杂志，而恰恰你们是不看的。你们怎么能接这个班呢？现在国家飞速发展，做事讲质量，你们这个质量怎么讲，因此我今天着重讲这个问题。看杂志有文字上的困难可以搞速成，你们必须过这个关。过关不是为了当副教授、当教授，而是要拿这个工具来为我们祖国的前途服务。要用最快的手段、最便宜的办法得到外国的先进经验。我们不可能把每个人都送到美国去，现在去的已经够多了，再这么下去我们的人都没有了。教师都在美国，学生在中国，你说行吗？这个国家还要不要？我们应该有志气，在困难条件下也能站起来。今天散会后，我劝大家去看看那些杂志里面是些什么东西。就当你参观一个博物馆吧，看你那个专业有些什么杂志。

有人说，材料怎么查？比如说要搞扩音器，现在有什么先进的扩音器？哪儿去查？老实说，现在我们国家有些发明是看了杂志做出来的，在我们国家是发明，其实人家早发明了。我们不去搞这个，可是要参考人家的东西，你要懂得这个东西在哪儿。我们才三千多种杂志，现在全世界有十三万多种科技杂志。我做学生时只有六千多种。那时候你把当年所有的知识全学到，大概可以用三十年。三十年里这六千种杂志你没看，三十年后，还有一半东西是能用的；一半东西是新的，你不晓得。三十年信息量翻一番。现在不是这样，1988年我看见一个情报说，每四年信息量翻一番，四年里的新东西你没学，四年后有一半东西你完全不懂，只有一半的学问能用。那时候全世界杂志八万种，今年是十三万种。这是一个信息来源。另一个是国际会议。那个时候全世界一年开不上一百次国际会议，现在你去查，很多。专门有这种国际会议杂志，一月一本，我们学校有。我告诉大家是有好处的，你们不是想办法出国吗？就要看这个，你就晓得你这个学科在哪儿开会，趁早准备论文。学校总是希望送你出去的，不要不回来就行。每个会议有会议记录、论文集，一年出版量是二万种。你不看这个是不行的。不要以为我的老师是权威，大概没问题，其实你听见的是六年前的事了，现在世界又变了，你还蒙在鼓里，应该坚持经常去看，那就不会发生这个问题了。

要找一个东西，比如话筒，最先进的话筒怎么做，最近有什么进展，怎么找？我今天讲一下。现在有一批期刊，是讲分类的，上面按关键词分类，你可以找到一批文章，找摘要，再找这文章发表在哪儿。从检索里看到哪几篇文章讲话筒，这文章发表在哪儿，内容大概是什么。你根据关键词去找这些文摘，找到后从后面翻起，从1993年往前翻，十年足够了。看十年里这方面的学问发表了多少文章。文章多得很，你全看看不过来，要学会挑着看。先把文章的摘要看一下，看它有什么新进展，解决了什么问题，你要记下来。你觉得某篇文章很好，那么把它找来翻一下，先看两个，一个看引论，这个题目是什么时候提的，为什么原因，哪些人做过，用什么观点做的，结论是什么。一个看结论，有哪些问题解决了，哪些没解决。这两个必须看，其他先粗看，看看图，看看设备。除非的确很重要，你非要干，那么一个方程一个方程推导一下，整个文章看一遍。这种文章十篇里面顶多看一篇。你还要看看它的参考文献，看了你就晓得前头有谁做过，记住这个人在哪个机构里头，文章中有他的名字和地址。全世界可能有七八个机构同时在做一件事，可能是各做各的，这样你的问题要找哪些机构就会清楚了。大家不是忙着要出国吗，不是找不着地方吗，这就是告诉你到哪儿去啊！要学什么，你得找个单位，这上面都告诉你了。甚至有些文章还说这个题目是哪个公司给的，你就晓得那个公司在干什么。有的文章是研究生写的，文中写要谢谢导师教授谁谁谁，好，将来你出国找导师，就找这个老师去。现在你出国不是找不到门槛吗，这就是门槛。这个导师你也可以不见他，真要学他的东西，可以写信给他，他自然教你，只要你讲的话头头是道。你的文章要发表，可以寄去，他准给你发表，你的话的确是对的嘛。总之，应该去看杂志，看了对你有启发，晓得这条路该怎么走，你题目也有了，哪些问题解决了，现在有什么困难，文章里都讲。当然，现在也有滑头，困难不告诉你，那这就要看你的本事了，你本来就在学，要看出来哪里有困难。你们要学会自己培养自己，就由这条路走好了。我培养研究生，首先教的是这个，教他怎么查文献，怎么看文献，怎么总结。所以我的博士生论文中有三分之一是总结人家的东西。他要是会了这个东西，哪儿都能去了嘛，离开我也不要紧。他哪个专业都能学的。不是说你这个专业学了才会，你自己能学嘛，可以走无师自通的道路，资料都在那里。当然不要忘了，尤其在工程方面，要多翻一些工程资料。比如话筒，文章不多，专利很多。现在我国有十七个国家的专利文献，五年以前的都在重庆情报所，五年以内的都在北京情报所。它有一套查法，哪一年，什么号，是哪个国家的，都有。你可以去借这个文献，不允许拿出来的当场看，好的你可以复印，拿回来对你的工作有用。我得过一个奖。我搞了一个高能电池，是当时国内，也可能是世界上最好的电池。1975年正是"文化大革命"很厉害的时候，我单枪匹马在搞。我就找高能电池专利。电池专利一大堆，我就专门找一类的看，有各种各样想法，在这些想法中我来判断，哪些想法是对的，我把对的组合起来，就做出一种新的电池。我这个也能得奖，是周总理嘉奖的。所以不要害怕，即使什么专业都没有也不要紧，你先去把资料找来，好好弄弄就清楚了，去申请课题，给你条件去做。可是不要去研究那种不着边际的事情，不要研究大而无当的东西，我们学校没有这个条件，连国家也没有这个条件。海阔天空的事多啦，比如高功能的激光，我看我们学校没有条件，上海都没有这个条件，因为没有那么多电。又比如超导体的电机，你趁早别研究，现在没有这个条件。

我现在这个博士生做的题目，我自己都没有做过，我就是觉得可以做，就让他去做，自己找出路，最后他做出来了。这方面我就不如他，他比我深入。不要紧的，不要以为没有老师，自己就没办法，你自己就是老师，要勇于创新，在这种地方不要自卑。不要自己把自己消耗掉了。现在经济上大家是困难的，不过还是能过的，只是过得不太舒服。学校尽可能帮助大家解决。我曾经吃过一年小米加白菜，肉都没有，我也过来了嘛。那是1947年，我跟你们现在的年龄差不多。不用害怕，生活困难是暂时的，国家在进步，利用这个机会，自己好好努力。我指导过一个人，现在他是学部委员了，是一个矿物学专家，全国最高水平的。那时他大学刚毕业，就来问我，学矿物怎么办，我就教他一套，就是刚才告诉大家的一套办法。他无师自通，一步一步学出来了，发表了很多文章。他没有出过国。他对找矿很有贡献。当时我还教了他另一个办法，这个大概你们都没有过。你们一天到晚在看书，有的看懂，有的没有懂，有的有意见，自己又辨别不出来。你没办法辨别，那就成为一个问题。你找老师，老师也不清楚，你看的书老师可能也不熟悉。那你怎么办？记下来，很简单，你不理解的东西记下来。拿本练习簿，一天记一条两条就够了。天天记，隔一段时间翻一翻，哪几条现在懂了，因为又过了多少天，又看了其他的东西，这个东西你懂了，就划掉。凡是看书、做事、做研究，都有许多不懂的，你记下来，一句话就行。当然有的时候需要多记几句，以便将来你还能记清，懂了就划掉。一年下来，你记了一厚本，里面有许多划掉了，还有很多留下来。留下来的，你就经常看看，对你有启发。有些地方第二次看了，觉得好像这样子可以试试，这就是你的研究课题，你想出办法来解决它。这位先生隔了十几年，现在也五六十岁了，他那里有一堆厚厚的笔记。我说你现在可以不记了，但他舍不得，还是要记，不懂的东西留下来，懂的东西就划掉，那么学问就长进了。我有很多二十年前、四十年前不懂的东西，现在还不懂，我有工夫再把它拿出来解决，有的东西解决了，我觉得就是很大贡献；有的东西没解决，有时晚上还经常想想，怎么这个问题到现在还没解决？不要紧，将来有人解决。学问就是这样。应该觉得自己不懂的东西很多很多，那你就是很有学问；你觉得什么东西都懂，你大概是没有学问的。

（本文为钱伟长1993年5月4日在上海工业大学青年教师联谊会上讲话的录音稿。原载钱伟长：《教育和教学问题的思考》，上海大学出版社2000年版）

1902—2002

顾毓琇：知识与智慧

照传统的说法，教育注重德育、智育和体育。照上文[1]的建议，教育注重智育，群育和美育。世界教育问题很多，从苏格拉底、柏拉图、亚里士多德到现在，教育哲学的派别，同整个哲学史一样复杂。教育不能离开知识，知识论即与哲学有关。在柏拉图、亚里士多德的时候，科学同哲学同样注重。雅典书院门上，不是写着"不识几何，毋入此门"吗？柏拉图说明线的定义为"无阔狭的长度"，并建立"相等减自相等，剩余相等"的定理。亚里士多德有论理的天才，在雅典学院二十年之久。他教人研究的方法，要先确定事实，然后求事实的解释，倘若假设的学理，同观察的事实有异，则应抛弃学理。亚氏不但是哲学家，而且是生物学家、天文学家。他主张地为球形；他曾说："赫邱利柱与印度实相连接，其间仅隔一洋。"关于教育哲学的主张，他不满意"知识"就是"美德"（virtue）。在《政治学》（*Politics*）书中，他说："教人为善而有德，需要三件事：性格（nature），习惯（habit）与理智（reason）。"人的性格当然指"人性"而言，倘若没有"人性"，

---

[1] 指《教育与人生》。——编者注

教育自然失其功用。人性或性灵（soul）的主要特点乃是"活动"（activity）。"活动"又可分为三个阶层：（一）植物的；（二）动物的；（三）理智的。关于"习惯"，亚氏以为儿童同动物没有太多的分别。他不一定承认"人之初，性本善"，但对于"性相近，习相远"却可能同意。他认为"美德"必须由"学习"而成为"习惯"。在"伦理学"（ethics）书中，他说："有些事情我们必须先学习而后会做，我们做这些事情便可以'学习'。"这是"教做学"互相连锁的最早学说。在儿童的"理解力"（rational power）还没有充分发达以前，我们只好先养成善良的"习惯"。关于"理智"，亚氏又分成实用的与理论的两类。实用的理智，相当于植物的和动物的活动阶层，包括"道德"（morals）与"政治"（politics）在内。理论的理智，乃是纯粹的"活动"对于普遍性真理（universal truth）的追求。实用理智的美德是"道德的"（moral）。理论理智的美德是"智力的"（intellectual）。在实用理智的范围内，理智的活动乃在过与不及两端间求其"中"（mean）。试以"勇"为例证；恰到好处为勇，过则为鲁莽，不及则为怯懦。"仁慈"、"节俭"、"谦虚"、"正义"，都有同样情形。理论的理智，除本身是终极（end）外，别无其他终极。亚氏推崇理论的理智为最高的境界。他说："思想（contemplation）到那里，快乐（happiness）便扩展到那里，有更丰富思想的人便有更丰富的快乐……"这种主张为着智力与知识而培养智力与知识，一直到现在，对教育上还有很大的影响。

　　哈佛大学文理学院同教育学院的教授为着美国现在和未来的教

育，费了两年工夫，编成一本报告书，题为《自由社会中的通人教育》(General Education in a Free Society)，在1945年出版。开宗明义地说：这问题在希腊便存在过。"民主政治"，有两个方面：一为富有创造性(creativity)，因为每个人有自信力，因而发展了创造力；一为分歧而无标准，因为有创造的活力，所以容易分歧，而且有根本不同的标准。"通人教育"乃为准备人在社会中过着有见解负责任的生活，所以主要的为着解决第二方面的问题——共同标准与共同目的问题。教育的任务有二：一为帮助青年完成他自己生命中的单独任务；一为准备他们与别人共同生活，做公民，并且做文化共同遗产的继承者。所以这本报告书，主要的是为着准备青年广义地成为完整的人。

教育问题的日趋严重，主要的有三大原因：(一)知识范围日广，趋于专门；(二)教育机构日增，趋于繁复；(三)社会组织日多，趋于杂乱。所以通人教育，不能不顾到这种"生长"与"变异"的背景。社会变化日益复杂，学校的课程必须扩张，课外活动亦须增加。民主政治有两种互相矛盾的要求：(一)发现有才能的学生并与以受教育的机会；(二)提高普通学生的程度。以中学为例，除了部分读书很好，或技术很好的学生以外，大部分学生除了普通课程以外，需要体育运动、课外活动、健康设施、消闲或空时工作。这些课外的经验，会给他们较高的标准，更好的健康，更大的自尊心，与较广的生活经验。换句话说，除了教以书本及供给材料外，对于很多青年必须以工作、指导与风气(atmosphere)施教。

在学校以外，电影与播音、成人教育与社团生活，都有影响。

前伦敦大学曼哈姆（Mannheim）教授主张从社会学观点建立"积合教育"（sociological integration in education）。在所著《时代的诊断》（*Diagonsis of our Time*）书中，他说："教育上最重要的变化，是从放任时代的间隔观念（compartmental concept），逐渐变为积合观念（integral concept）。"照前一概念，教育是一种自足的间隔。学校分成班级，教师分授课程，考试及格了，教育便算完成。学校与世界好像割裂为二，不相配合，彼此对立。在某一年龄下，教育机构对你施教，过了这时期，你便得到自由。但是成人教育，进修教育，同再教育实施的时候，这观念便非打破不可。于是我们承认一生皆可受教育，社会便是教育机构。从此以后，学校不仅为灌输现成的知识，但为使我们从生活中学习得更有效率。不但学校与生活打通，学校与家庭，教师与家长，亦必须联系。再推广而言，学校、家庭、儿童指导所、社会服务者、幼年法庭，都可以互相合作，而使工作积合起来。这种"积合"的观念，影响到课程的"积合"。以道德教育（moral education）为例。从前我们以为道德的"我"可以自成一"间隔"，只要加入宗教或道德的课程，即可完成任务。现在我们知道宗教或道德，如不同其他课程相关联，必不能收效。我们无论教什么，并且，更重要的是怎样教，对于"品格养成"（character formation）都有影响。现代的新教育，应当承认"人格"（personality）的统一而不可分。教育的有效与否，乃靠教师怎样把新经验与学生的旧背景相联系。教育家必须注意学生的生活经验，同校外的社会因素。因此"积合教育"要注意两方面：教育活动与社会活动"积合"，教育活动与整个人格"积合"。杜威的大弟子迪克斯（Dix）亦主张积合教育，见所著《进步教育的方案》。

牛津大学贾克斯（Jacks）先生在所著《总和教育》（*Total Education*）主张教育应由"分析"（analysis）进而为"综合"（synthesis）。斯宾塞（Spencer）说过："分析的主要作用乃为准备综合。"但是，人每趋向于分析，而不趋于综合，因为破坏比较容易，建设比较艰难。科学家分析声、光、化、电；文学批评家分析诗或故事；文法家分析句子及其子句（clauses）；哲学家分析一个论辩，一套思想，或因果关系；社会学家分析社会制度；心理分析家分析下意识；任何人都分析日常生活的情感、思想、动机和境遇。综合比分析困难得多。大科学家对于宇宙的现象可有综合的贡献（例如牛顿、麦克司威、爱因斯坦）。大医师对于整个病人要有综合的诊断（仅有病状的分析报告是不够的）。麦克来（Macaulay）说："分析不是诗人的工作；诗人的工作是写真，不是解剖。"

儿童在玩积木的时候，"搭成"固然很感兴趣，但在"拆台"的时候，似乎有更大的欢喜。这个现象与"人性本善"不符，但与基督教的"人本有罪"（original sin）暗合。科学日益发达，技术日趋专门，分析的能力日益精密，破坏的能力日益增加。我们若要提倡"综合"的建设，非在教育上特别注意不可。分析给我们零星的知识。拆散了以后必需有创造的重建设（reconstruction），及整体的重认识。这种建设与光明的经验乃有赖于"智慧"（wisdom）；

"知识"（knowledge）只准备了向智慧的路。照贾克斯的原来说法，"智慧"之外，还有"信仰"（faith）。

怀特海教授以"智慧"为"利用知识的艺术"。古柏（William Cowber）的诗里说："知识与智慧，并不是一个，每每毫不相关。知识在脑中，靠别人的思想；智慧在心中，仗自己的心得。……知识是骄傲的，他自以为学得那么多；智慧是谦虚的，他怨自己知得不更多。"

杜威博士说："吾人曾给哲学以寻求'智慧'的美名，但哲学家似乎一天一天地退到后面。'智慧'与'知识'不同，智慧乃是人生已知合理行为的应用。哲学的趋于狭路（straits），乃由于知识愈增愈多，人力不容易把整理全部知识的重任担负起来。"在最近教育改造运动中，杜威先生对芝加哥大学赫金斯（Hutchins）校长的主张有严厉的批评。赫金斯说："我们知道有自然的道德律（natural moral law），并且我们可以了解这些是什么，因为我们知道人有人性（nature），而我们亦了解人性。人性在各处都相同，各种文化的各种习俗可以隐蔽人性，但不能灭绝人性。人性的特质……乃为人是理性的与精神的人……"杜威在《对自由思想的挑战》一文中，提到亚里士多德曾以天文与生物学置于比道德认为更高的地位。他说："这反科学的运动是危险的，因为这运动忽视甚至否认与科学进步有生死关系的实验与观察的原则……很自然的，这些反对派，不是没有受过完善教育的文人，便是有成见相信神权主宰一切的神学家……"

杜威"实验主义"（Pragmatism）或"进步教育"（Progressive Education），颇受达尔文"进化论"的影响。从亚里士多德到黑格尔，教育家的理智或智力为生来的（prinordial），故理智或智力的训练或教育，即以理智或智力为终极（end in itself）。依照达尔文的学说，人的智力是后来的。智力乃是应付环境变化的高明手段。因此杜威主张教人思想，不只因为思想本身是好的，而且因为思想是解决应付世界环境难题的手段、工具或过程。自然律是连续生长而变化分歧的，所以教育亦必完全合于生长。生长的终极，乃是更多的生长；教育的终极，乃是更多的教育。根据同样理由，教育不是人生的准备，乃便是人生的本身。

在当代教育家中，反对杜威最力的，有赫金斯、阿特勒（Adler），同天主教的马立丁（Maritain）、麦克古根（Mcgucken）等。赫金斯以亚里士多德为出发点，参照自然律的共同性（unifornity），主张注重共同性的教育部分，但亦不完全忽略特殊性的教育部分。阿特勒既以教育为天生美德的习惯化，又进一步主张教育的目标，无论何人、何时、何地，都相同。马立丁在所著《教育在十字路口》（Education at the Crossroads）一书中，主张教育应重视精神上的统一与智慧，不应以训练代替知识与真理。天主教的教育家们不特反对杜威，亦不赞成赫金斯（参阅耶鲁大学白鲁拔赫教授所著《教育问题史》）。

杜威哲学的最大批评者，还是罗素。罗素以数学为出发点，建立了数理逻辑学派。他反对杜威以"探讨"（inquiry）代替真理

（truth）或知识为逻辑的基本概念。杜威的"探讨"，乃欲使世界更变成"有机体的"（organic），因为杜威以生物学为出发点，且亦受黑格尔的影响。罗素在近著《西洋哲学史》中说到杜威与罗素在哲学上的主要不同点，便是对于信念（beliefs）的判断，杜威根据"实效"，罗素根据"原因"。杜威对于信念，不分"真"、"伪"，只分"合式"与"不合式"。罗素认为杜威的学说，偏于"权力哲学"（power philosophy），只是以"社会权力"代替"个人权力"。他对于"宇宙的不敬"（cosmic impiety）认为是世界的隐忧。他说："哲学上的真理，向来认为超出人力的控制，乃是使人谦让的主要条件。假使取消了这种对于骄傲的控制，人们更容易走上醉心权力的疯狂道路了……"

罗素在所著《意义与真理的探讨》（An Inquiry into Meaning and Truth）书中，第八章讨论"观感与知识"，第十六章讨论"真与伪"，第十七章讨论"真理与经验"。照他的说法，"真理"是"信念"的表示（通常用文字）。有些真理根据经验，有些真理超过（transcends）经验。从唯实主义者的立场，看见的"事实"（facts）便是真理。但有许多事情不一定能见到，例如，月亮的那一面，或是远地的人与动物。所以，"真理"可较"知识"的范围为广。

克罗齐（Croce）在所著《历史为自由的故事》（History as Story of Liberty）书中，讨论到历史书上的"真理"。他认为历史知识是"完全知识"（complete knowledge）。我们不仅可以说历史是历史判断（historical judgement），我们可以进一步说每一个判断都是历史判断。甚至观感（perception）亦是历史判断。例如，我走路时看见前面有一块石头，我乃以足或杖将石拨开，因为我知道石头不是鸟，听见了我的脚步声不会飞走；并且当时此地的石头只是宇宙变化中的过程，我的判断乃根据石头历史上的那一点。历史判断不是知识的一种，而是知识的本身，因为他充实知识的全面，不再剩余空隙。

智育的范围包括"知识"与"智慧"，智育的目标乃为求"真"。"知识论"属于哲学的范围，而哲学乃是"探讨智慧"的学问，所以"知识论"乃属于"智慧"的范围。"真理"比"知识"范围广，亦比"经验"范围广。历史与经验有关。历史判断乃是完全知识。完全知识，便进入智慧的领域。知识是偏于分析的，智慧是偏于综合的。历史判断因为是综合的认识，便属于智慧的领域。科学经验大都是分析的纪录，先归入知识的范围。但刻卜勒的新天文学，牛顿的力学定律，麦克司威的电磁论，爱因斯坦的相对论，便都从科学的知识进而为人类的智慧。分析为综合的准备，知识为智慧的基础。知识与智慧都为着求真。凡可以零星得来的信念，可串成一套知识。凡需要整个领会的真理，便需要无上智慧。世界是有机体，社会在演变中。我们学习知识，但更需要智慧。我们学习分析，但更需要综合。我们提倡改革，但更需要建设。我们重视信念，但更需要真理。知识与信念务求其真；哲学与科学的真理，不但真而且美；人生的智慧，不但真，而且美，而且善。一切学问可以互通，学问达到高深博大的境界，都可以包括真美善。

为便于比较研究起见,我们可以说:科学注重真而美,美术与体育注重美而真;历史注重真而善,道德与宗教注重善而真;哲学、教育、文学、音乐、戏剧、社会科学与应用科学,则须兼顾真美善的三方面。

(原载《顾毓琇全集》第8卷,辽宁教育出版社2000年版)

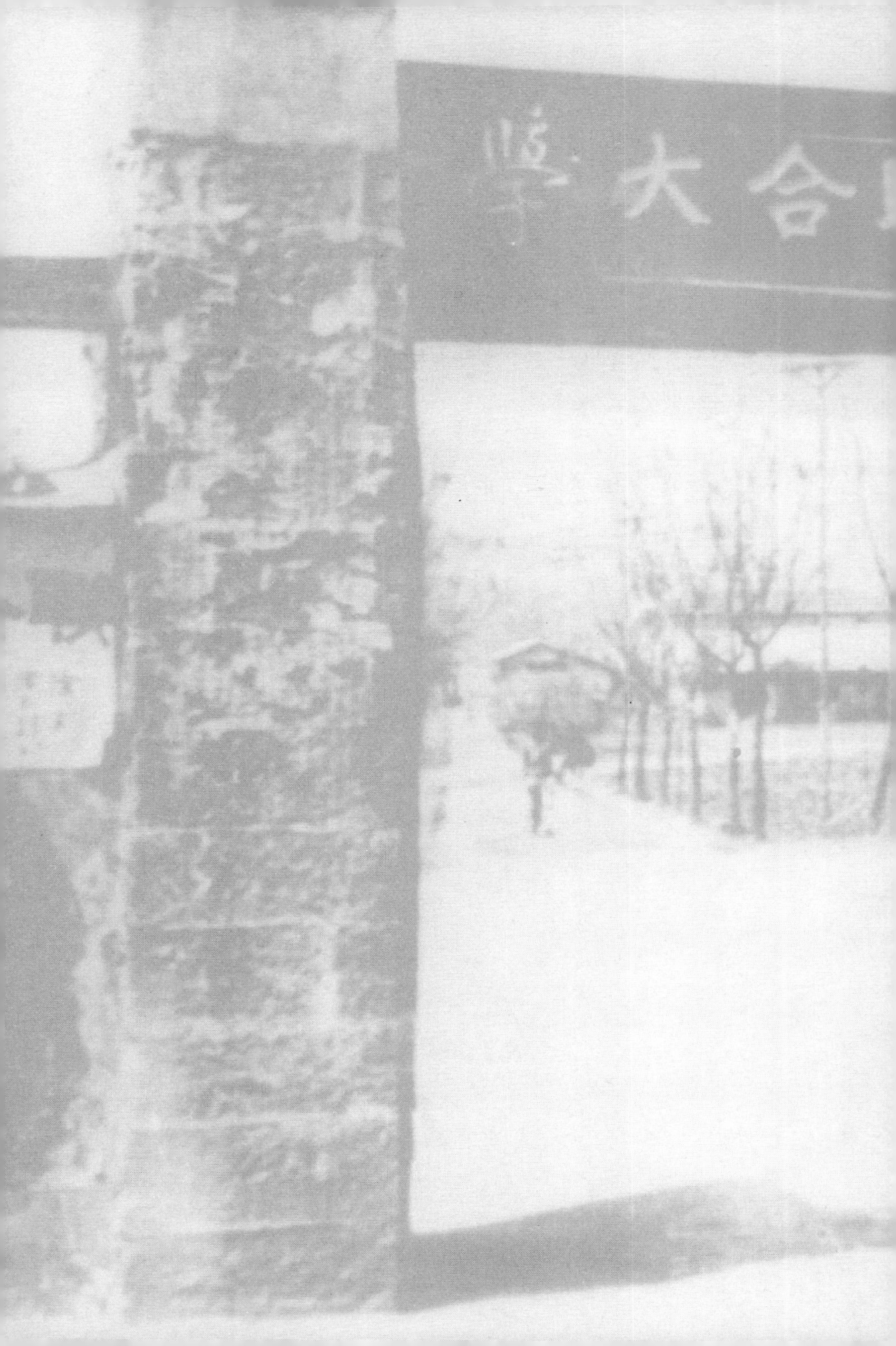
大合

第四篇 科学与方法

科学方法与求知治学四讲

1937—1946

钱伟长：谈学习方法

关于学生的学习方法问题，是长期以来在教育界里的一个有争论的问题，有人提倡这样的学习方法，有人提倡那样的学习方法，每个人的认识是不一样的。我讲的是我自己的一些经验，以及我所认识的一些人的经验。

一、不要死记硬背

孔夫子说过一句很有名的话："学而不思则罔。"意思是说你学习了以后，如果不去考虑问题，不去思索问题，那是不行的，因为这样做，你会什么也学不到。这是一句很有名的话，可是常常被很多人忘了。

在清朝的时候，有一位很有名的学者，他叫郑板桥，他的书法、画和诗都很有名，人称"三绝"，是当时著名的扬州八怪之一。他曾经有过这样一个故事：在山东潍县，他做过一阵七品芝麻官，相当于现在的县长。那时，他常常私行查访。有一次，他走到一家穷人屋前，听见里头有一个青年在念书，朗诵得很好。他听了一会儿后，便敲开门，进去跟这个年轻人谈话。这个青年大概十五岁左右，非常聪明。后来，他常请这个年轻人到他的县衙门去，他们逐渐很熟悉了。过了一年多以后，他觉得这个年轻人的确天资很好，过目不忘，很多东西他念过一两遍后，就完全可以背诵出来。郑板桥很喜欢他，认为他很有才能。可是偶然有一次，郑板桥向他提了个问题，这个青年人支支吾吾的，回答不清楚，他又提出第二个问题，这个青年更是答不上来。他发现这个青年人完全是在靠记忆进行学习，于是，郑板桥就给他讲了孔夫子的"学而不思则罔"这句话，并且告诉他，学习一定要思考，不能靠背诵，不然是不会有出息的。后来这个青年人完全放弃了过去靠死记硬背的念书办法，一边读书一边思考，而且非常用功。后来，在乾隆中叶，这个青年考上了状元。这样一个故事说明，一个青年人不但要用功学习，而且要有好的科学的学习方法，要勤于思考，多想问题，不要靠死记硬背。这样，你一辈子才会是不断进步的，永远向上的。因为你不是光咽人家的唾沫，背书就是咽人家的唾沫，那是没有什么好吃的。

在我们现行的高考制度里，过去若干年以来，鼓励了很多同学去背书，中、小学生都是靠背书过日子。小学毕业考初中，初中毕业考高中，都是考数学和语文两门，题目都是有范围的，而且还有温书的重点，这实际上就是让你去背，背好了就考。听说考的结果能拿到一百九十七分的就能进重点中学，一百九十六分以下就只能进一般的中学。因此，大家为争取进重点中学，只好死背。据说是写错一个字就扣一分，因此只能有三个错别字，这样刚刚一百九十七分。如果有第四个错别字，就决定了你的终生，不许你进重点中学了，当然你也就没有机会进重点大学了。这些背下来的东西有什么用呢？我说屁的用处也没有！

　　在你们这些大学生里头，有很多是高分考进大学的。可是进校以后，我们发现他们当中不少人是高分低能。什么叫高分低能呢？因为在中学时靠背书过日子，到了大学以后，他的学习必然感到很困难，因为大学的书太厚了，背不下来了，他们觉得很不适应大学的学习生活。所以，我说孔夫子的那句话"学而不思则罔"，还是非常重要的，有现实意义的。我们发现，现在很多大学里都有这样一种情况，学生到了二年级时，神经衰弱症就出来了，睡不着觉。我听说各个学校大概都有那么一批同学，神经衰弱。这就是上大学后，仍然采用中学时习惯的死记硬背的学习方法而产生的结果。

　　下面，我再来谈谈自己的一些亲身体会。我背书的功夫是很差的，我这一辈子最不会背书。可是，我小时候也很能背书。我小时候学的是"四书五经"，我背过很多老书。孔老夫子的"学而不思则罔"这句话，背过不知多少遍，可是我却从来没有去好好想一想，这句话到底是什么意思。我中学时有位国文老师，他眼睛瞎了，讲书不用书，因为他全能背出来，还带着我们朗诵，当时我就习惯于这样。后来勉强进入高中后，我可头痛了。特别是数学，背不下来，歪歪扭扭的东西，没法背了。因此，我的数学成绩很坏。至于物理，背下来也没用，因为背下来后，做习题还是不会做。有人教我一个办法，说中学物理很容易，一共十三个公式，每个公式有三个变量，两个已知数，求第三个未知数，不是乘就是除，没有什么别的东西。这是对我很大的开导，其实，我还是没有懂，因为我这是用另一种办法去背，就是把中学物理中的十三个公式背熟，做题时就按不是乘就是除去套。但是，就是这一个"不是"和"就是"，也常常使我头痛得很，因为我往往搞不清楚该哪个乘哪个，哪个除哪个。所以，后来我发现，背书是没有用的，一定要懂得它。

我改造自己的学习方法，是从进大学后开始的。考进大学后，我发现教科书确实太厚了，没法背。而且我进的清华大学，当时所有的教科书都是外文的，我的外文也不行，想背也背不下来。没办法了，我就只好想办法弄懂它。开始的确很吃力，非常累，很多地方不懂。加上没有这个习惯，因而学起来很困难。当时，清华大学有个老师叫吴有训，教我们的普通物理课，这个老师之后当了中国科学院的副院长。吴有训老师讲课很有意思。他从来不照本宣科，拿本讲义在那儿念，而是引导学生动脑筋，不断地跟着他在课堂上思考问题，他讲的大学普通物理课，一个星期四堂课，那时每学期十五个星期，六十堂课，一个学年共一百二十堂课，他把大学物理课分成一百多个题目，每一堂课集中讲一个问题。例如，他讲什么是质量？他先讲质量这个概念，从前人们怎么认识，后来怎么认识，为什么会产生质量这个概念？接着又讲为什么质量不是重量，它和重量有什么关系？再进一步讲人们如何根据伽利略的实验，证明了质量是独立存在的一个东西，在概念上有了飞跃，以后就有了牛顿三定律等等。最后，再讲现在质量怎么量，它在国民经济中占怎样一个地位，量的时候用什么单位等等。一堂课讲下来，从头到尾，清清楚楚。他讲的这些，教科书上都没有，教科书上有个定义，但定义他却讲得很少。一堂课上再加上几个实验表演。讲完以后，他说你去看哪本书，从第几页到第几页。他这个教材有三四本书，这一段看这本，那一段又看那一本，都让你自己看去。还有很多东西，他根本不讲，要你自己去看，看完了照样要考。我开始很不习惯，但后来慢慢习惯了，觉得这是我一辈子听见的讲课中最精彩的一门课，他对我学会用思考的方法而不是死记硬背的方法去学习，起了很大的作用。直到现在，大学的普通物理课的基本内容、基本观点和基本方法，我还记得非常清楚，一点也不混乱。

记得"文化大革命"期间，我可操心了，那时一定要让我背"老三篇"。在劳改队里，我一天到晚挨批判，一篇也背不出来，实在背不出来。"老三篇"中的道理我懂，就是背不出来。有人背得滚瓜烂熟，其实道理他完全不懂，他的行为完全不按"老三篇"去做。由于背不下"老三篇"，我经常挨罚，在劳改队里，我的劳动任务最重。其实，林彪所倡导的那一套学习方法，的的确确是教人背书，他所谓的熟读马列主义，就是要人们去背书，背"老三篇"，这是他的那一套东西。而毛主席教我们学习马列主义，是要弄通马列主义。什么叫弄通？弄通就是不需要死背，而要联系实际去理解书中所讲的道理。这不是很清楚吗？这也是教学思想里头的两条路线的斗争。实践早已证明，死背的马列主义，对我们国家是毫无用处的。我们要培养的是弄通了马列主义的人，是能结合当前我们国家的情况来进行工作的人，是实事求是的人。如果一个人只会把死记硬背的东西拿来套用，他就不是实事求是，不是按具体情况来处理问题，这样的人，对我们的国家是没有多大用处的。

二、怎样记好笔记

我常见到不少大学生，特别是一些刚考进大学的新同学，在课堂上一个劲地记笔记。老师讲什么他就记什么，老师在黑板上写什么他也写什么，一堂课下来笔记记得很多，人也很累。我还发现这些同学的笔记，下课后一般都无法进一步整理。他们中间虽然不少人很用功，但学习效果往往很差，因为他们在课堂上光忙着记笔记去了，没有注意听讲，没有积极地思考问题，弄懂问题。他们的学习方法，就叫作上课记笔记，下课看笔记，考试背笔记。我刚上大学也这样干过，效果不好。后来，我向一位学得好的同学去请教，那位同学说，你不要这样上课光忙着记笔记，你坐在那里首先要仔细地听，老师问什么问题，你就动什么脑筋，真正听懂了，你就记，如果没有听懂，你就不要忙着记。我照这个同学讲的办法去试了一试，开头还好，后来觉得还是不行。我又再去问这位同学，我说你记笔记还有什么诀窍没有？他说还有一条，上次没告诉你，每次下课时，你不要跟一般同学一样，站起身来就跑了。你不要走，你一下课后，要先好好地想一想，这堂课老师讲了些什么问题？它有几层意思？每层意思的中心思想是什么？这样静静地用不到一分钟的时间去思考一下，可以巩固你一堂课听的内容。当然，这样还不够，每天晚上，你还要根据你课堂上听到的和下课后想到的，写出一个摘要来，大概一堂课不超过一页吧，这一步很重要。以后，我就照他讲的去做，确实效果不错。

我有个同学叫林家翘，他现在是美国麻省理工学院的教授，美国科学院的院士，他的课堂笔记要整理两次。除每天晚上整理一次，写出一个摘要外，每个月后，他还要重新再整理一次，把其中的废话全删掉，把所有的内容综合起来，整理出一个阶段的学习成果。每学期结束时，一门课的笔记经过综合整理后，只有薄薄的一本，大概十八页左右吧。这就完全成了他自己的东西了，他温书就看这个，边看、边回忆、边思考，每次考试都名列前茅。这种记笔记的方法，就是把教师和别人的东西，经过自己的思考、消化，变成自己的东西。要不断地消化，不断地加深理解。林家翘分三个阶段记笔记的过程，就是一个不断消化的过程。我只分了两个阶段，我现在很后悔，我要早分三个阶段，学习效果一定会更好。

三、大学生一定要学会自学

每个大学生都要在大学里培养一个习惯——自学，这个本领一定要学会，不能光依靠老师。当然，开始时要依靠一些，但这主要是依靠老师对你的指点，而不是依靠老师把消化后的东西吐给你。一个人在大学四年里，能不能养成自学的习惯，学会自学的本领，不但在很大程度上决定了他能否学好大学的课程，把知识真正学通、学活，而且影响到他大学毕业以后，能否不断地吸收新的知识，进行创造性的工作，为国家作出更大的贡献。尤其现在，知识发展得很快，快到什么地步呢？有人统计过，我们上学那个时候，全世界的科学技术杂志只有二千八百多种。按这个速度计算，人类的知识面大概要用三十年的时间才能使它增加一倍，因为这些杂志都是增加人的知识面的东西。而据现在统计，全世界的科技杂志，不算文化和社会科学方面的，仅自然科学和技术科学方面的杂志，就有八万八千多种。因此，现在不是三十年，而是三年左右的时间，人类的知识面就会翻一倍。换句话说，过去，你大学毕业了，可以吃老本，可以长期地使用你已有的知识，甚至可以一辈子，因为经过三十几年后，你就快退休了，或者进入老年阶段了。但现在，你大学毕业以后，如果不学习，或者说在大学时没有养成自学的习惯，学会自学的本领，光靠卖你的一点老本，你卖了三年以后，你就有一半的东西不懂了。再卖三年，你懂的只有四分之一了。到那时候，你还能做工作吗？因此，你必须在毕业以后继续学习。怎么学？这首先就要在大学里培养自己自学的习惯，学会自学的本领。

一个人在中学时，必须要教师帮忙，教师管着你，你才能学。但好的中学老师，也很注意培养学生积极思考问题的能力，而差的中学教师，只会教你背书，教你重点，什么我这个课有多少个重点题目等等，你只要照他讲的背下来了，在考场里就可以大大地对付一气了。进了大学以后，再这样就不行了，一定要培养自己独立自学的能力。现在，有许多学校都在进行教改试验。比如，我上课时，有些课的章节，我就不讲，让学生自己去看，可是还要考。总之，得想方设法培养学生自学的习惯。实践早已证明，大学生通过自学，不但能学好，而且能学得快，对这点我是深有体会的。我在上海工业大学下了个令，凡是照本宣科的老师，学生可以缺课，可以不上他的课，因为学生自己念得比他快。有些人就是不相信大学生可以通过自学掌握知识，他们总是认为，不教是不会的，不背是不懂的，这就是他们的逻辑。去年，我在上海工业大学做了个试验，在机械系上物理课时，我跟老师商量好了，从全班六十个学生中，我抽了十二个人出来，其中六个人是全班功课最好的，还有六个是差的。我让这十二个人都不听课了，只把讲义发给他们，让他们自学，只参加做实验。自学以后，凡是小考、大考都参加，考试的要求也和其他学生一样。第一次考试时，这十二个人都考得很不好。分析其原因，关键是没有掌握好自学的方法。我把这十二个学生找来，和他们一起分析了失败的原因，又鼓励了他们一番。为了改变他们的学习方法，我又找了一个年轻教师帮助他们，教他们怎样自学，如怎样整理每个章节的框架，怎样弄懂每个概念的来龙去脉，怎么运用等等。这样反复讲了好几次，后来这几个学生都慢慢地进步了，会自学了。到学年考试时，这十二个人都是全班成绩最好的学生。《文汇报》上头版头条报道了这件事，说这是一大发明。其实，这并不是什么发明，因为很多人早已用自己的亲身实践证明，大学生是可以通过自学学好的。

自学的方法很多。例如，你可以在暑假里，把下学期要上的课先拿来看看，特别是挑几门比较重要的课，你自己先看看。不会看不懂的，你放心，应该相信这点。如果遇到确实看不懂的地方，你就记下来，以后逐步消灭它。你这样自学完了，开学后你再来听课，如果老师讲得很好，那对你一定会有很大的促进，你会发现，你以为懂了的地方，经老师一讲，你才明白是弄错了，这对你是很大的刺激，这样一个纠正的过程，是你学习提高的过程，这样就加深了你的理解。如果遇到了课讲得很差的老师，对你帮助不大，你就开开小差吧，在课堂上可以看看别的书，关系也不大。因为你都懂了嘛，你都自学过了嘛！

自学过程中遇到的那些不懂的问题怎么办？根据我的经验，任何不懂的问题，你先拿个练习本把它记下来，一条一条地记。有时你会发现，你在第一章中看不懂的问题，等你自学到第三章时，这些问题就解决了。这时，你就把这个原来不懂的问题从练习本上划掉。当然，还有些不懂的问题，你也可以找机会向老师或其他同学请教。一学年完后，你会发现原来记了很多不懂的东西，后来又懂了。如果还剩下几条不懂的问题，你可以另用一个练习本重新把它记下来，以后再说。你在一年级有些不懂的问题，也许到二年级刚好就解决了，你就再把它划掉。假如你在三年级又发现了新的不懂的问题，你就再写下去。人一辈子的学习，就要靠这样不断进步。学习就是把不懂的变成懂的，而不是把背不下来的变成背下来的，一定要记着这点。自学，就是促使你动脑筋，而只有动脑筋，才能促使你真正学懂、学深。

人一辈子的自学过程中，会遇到很多问题长期弄不懂。我就遇到很多问题，我在大学里没弄懂，现在还是不懂，我翻遍了所有的东西，谁也没懂这个问题，这是个大问题。像这样的大问题自然科学里多得很，技术领域里也多得很，所以不要奇怪，我们不懂的东西永远要比懂得的东西多得多。不懂的东西是无限的，懂得的东西是有限的，你应该记住这个道理。不要幻想我样样都要懂，那是不可能的。就是在你自己学这个专业里，也有很多东西你不懂，你去问老师，老师也答不出来。很可能到了明年，有篇文章出来了，把这个问题解决了。

四、研究生要会看论文

一个人到大学毕业时，除了已经有了一定的基本理论知识外，还应该有这样的把握，即没有学过的东西，我通过自学，查一查，看一看，也能弄懂，就是说能够"无师自通"了，大学生就应该达到这个水平。假如大学毕业后，你还要通过去学校进修，听课，才能得到新的知识，则说明你还没有达到真正大学毕业的水平，我们应该这样来看这个问题。

那么，到了研究生怎么办呢？研究生和大学生在学习内容和学习方法上有哪些不同呢？他们的主要区别在于，在大学里大学生看的东西，都是人家组织过、消化过、系统化了的东西，成了一门课程，已经有一个独立的系统了。大学生看的绝大多数都是这一类型的东西。而研究生的东西不是这种，它是正在发展中的东西，而没有人消化过，其中不少问题还有很多争论。这种正在发展中的东西都是一篇篇的文章，即发表在各种科技杂志上的论文。研究生就要会从论文里吸取自己需要的材料。如果你不会看科学论文，还是只会看那些一本本的书的话，那么，你就接受不到最新的知识。因为写成教科书、写成专著的东西，一般都是七八年以前的知识。它先要经过老师消化、组织成教材，并且要在课堂里讲几次，才能改写成教科书，写完还要送到工厂去排印。尤其是现在，出版时间太长了，没有两年你别想出版。假如还要领导批准的话，那就更麻烦了。

正因为多数新的知识都是以论文形式发表的，所以，作为一个研究生，就一定要学会善于看论文的本领。那么，你怎么看论文呢？怎么提高看论文的效率呢？我这一辈子看的论文是很多的，现在我就靠看论文吃饭。看完论文，这个东西就成为我的了。当然，要记得这个东西是谁的贡献。我就是通过看论文，不断改造、充实我自己的知识范围。有的论文写得又臭又长，看起来很费劲。怎么办？我觉得要学会看论文，就必须先知道论文是怎么写的，怎么组成的。一般情况下，一篇完整的论文，都包括这样几部分：

第一段是摘要。它是论文的提要，包括作者做了哪几方面主要的工作，得到了什么成就。一般都很简单，不会超出半页。一般我看论文，就先看这个提要。看完提要，这篇论文有多大的分量，我就清楚了，就可以决定往不往下看了。因为我有比较多的经验，而你们没有，你们先看这个还不够，还得往下看。下面接着的是引论，主要包括三方面的内容。第一，讲这个问题是从哪儿提出来的，是从生产过程中提出来的还是从科学技术发展的过程中提出来的。讲清这一点是很重要的。第二，要讲这个问题以前已经有多少人干过了，处理过了，他们取得了什么结果，达到了什么水平。总之，前人在这个问题上的重要贡献，都得提，他们的文章发表在哪儿，也应该写在参考文献里。第三，要指出作者自己是在什么样的不同观点下面，重新处理这个问题的，自己的观点跟前人不同在哪儿。这句话一定要有，或者是用讨论的口气指出，前人的观点有的我不同意，为什么不同意，并提出自己的新观点，以及用这个新观点如何处理了问题，这是文章的主要目的，有时还得提一句，我得到了什么结果。这样一个引论，最长两页，短则一页，很精练，而且很重要。你看完引论后，对这个问题的来龙去脉就清楚了。

第二段，是搞实验的，就要讲一下实验的安排，包括实验仪器的安装和布置等等。是讲理论的，就要讲一下处理这样问题的数学和它的方程式，指出在什么条件下，使这个问题数学化了。

第三段，做实验的要讲整个实验分几个步骤，分多少份，每份又是怎样分配的等等。做理论的应该说明白，我这个方程是用什么方法求解的。假如这个方法是从前没有人用过的，你就详细写出来，假如已经有人用过了，你就一句话，说我的是某某人处理某某问题的方法。

再下面一段，就是你的实验结果，要有图表。理论计算的结果，也要有图有表。

跟着下面的一段是结论，讲清我这个工作有什么结论。

最后一段是感谢。谢什么呢？谁给你出的题目，老师出的还是你自己找的，谁帮助过你，在哪个问题上帮助过你，研究过程中你跟谁讨论过，讨论时哪个人提出了新的想法，自己用上了，都要说明白。你用的仪器是从哪里借的，也得写明白。最后，可能这个研究工作是在某一方面的资助下进行的，也得说明白。现在我们有不少人的论文对感谢这部分不重视，换句话说，就是侵吞了人家的成果。例如，有的人不提自己的研究题目是谁帮助确定的，他们应该知道，题目并不是很容易出的，很多人是没有题目的，能出题目的人一定是高水平的，他能看见问题在哪儿，本身就是一个很大的创造。尤其是对自己的导师，非提不行。可是，现在你去看，很多文章都不提自己的指导教师，都是天上掉下来的题目，这就是侵吞人家成果的行为。

我们知道了论文的一般写法和结构，那么，我们怎样去看论文呢？我一般只看摘要。摘要看完了，如果我发现这里面有新见解，或者这个题目是我没有碰到过的，我就再看引论，因为引论告诉了这个问题是哪儿来的，过去研究的过程怎样，看后对这个问题大体上就有个小的轮廓了。最后再看一下结论就行了。我看文章就这么看。当然，假如这个问题对我来说是全新的，那我当然要再看看这个方程式是什么，仪器怎么安排。至于这个方程式是怎么求解的，只要它不是新方法，我绝对不看，何必再费这个工夫呢？我们要懂得在学习上应该节省自己的时间，要学的东西太多了，所以一般只要看摘要就完了。也有不少这样的文章，一看摘要，这里没有太大、太多东西，就算了，我节省时间了，只要他提出了关键性的问题，并且解决了，那我得再看引论、结论。假如看完引论，看完结论，我觉得这个问题太重要了，我就再看里面的东西，看看那个图是什么样的，曲线是怎么样的等等。总之，看文章时，一定要分门别类地根据自己的情况来衡量。有导师时，导师会告诉你，哪篇文章应该精读，哪篇文章应该略读，这样可以节省你的时间。一般情况下，如果你能维持一天看一篇文章，就算不错。一辈子一天看一篇文章可不得了，一年看三百多篇文章，那有多少材料到你这儿来了？这是你积累知识的过程，引导你往前走的过程。像这样做工作的人，他绝不会知识老化。

五、博士研究生要有满肚子的问题

博士研究生和硕士研究生在学习方法上有些什么不同呢？在培养目标上，二者有何区别呢？我们知道，硕士生一般是跟老师做的同一个研究课题，他在老师的具体指导下，看文献，搞研究。这就是说，一般情况下，他不用自己找研究题目。而作为博士生就不是那么回事了，博士生的导师只告诉他一个大的研究范围，你大概做哪一方面的问题，或者再给你略微讲一下历史上这个问题在哪儿出现的，现在哪几个正在做。下面就是你自己去找文献来看，看了以后，你会发现每看一篇文章，你就有不少问题。这样看上半年或一年的文献后，你就会知道这个学问当前发展的情况了。你再根据自己的问题，整理出一批问题的目录来。在国外，博士生就是拿个东西去找老师，说我现在有这么多的问题，我想做哪一个或哪几个，请老师考虑，老师会帮助你挑一个最好的问题。什么是最好的问题？最好的标准有几条：一条是老师估计你的能力，如果你的数学好，那么就让你在理论方面多做点；或者你的实验做得不错，就会让你多做些实验。总之，根据你的能力，给你挑选一个合适的题目。不能给你一个问题，你做了八九年也做不出来。还有一条，就是你提的问题不能过大，因为过大的问题，学校没有那么大的设备，也不能为你做这个题目而花很多很多的钱去购买科研仪器。而我们现在有些年轻人尽干这个事，提个很大的问题，学校拿他一点办法也没有。所以，指导教师就要控制，使你的题目能在自己的能力下，在学校现有设备条件的可能下，能做得出来。第三条，就是你这个问题要有一定的重要性。因为往往在你提的一大堆题目中，有很多是不重要的，老师会跟你说明白，哪些题目不重要，为什么不重要；哪些题目虽然重要，可是你没有条件做出来。最后，会帮助你确定其中的一个题目，这个题目既有一定的重要性，你也能够做好。所以，博士生的研究题目是你自己找的，不是老师给的，老师只在你的问题里挑，挑你力所能解决的。

林家翘在《科学探索》杂志上写过一篇文章，他说，我们现在有的中国留学生来美国以后，往往不善于自己提问题，因为他在学习过程中没有问题，凡是老师说的都是对的，凡是书上讲的都是天经地义的。因此，这种人一般是没有科研题目的。林家翘还举例说，美国麻省理工学院电机系来了个中国留学生，他博士预备考试通过了，而且是全班成绩最好的，在全系三十五人里考了个第一名。他考完以后很高兴,在家里等着老师找他。可是,老师两个月没找他,他憋不住了,就去找老师,说他现在想写论文了,请老师给他出个题目。老师问他有什么题目,有没有想做的题目。他说一时想不出来,老师就让他回去好好想。他回去想了两个星期,还是没想出什么好题目。他又去找老师,对老师说,你还是给个题目吧,你给个题目很容易,我实在想不出什么题目。老师说,你回国去吧,你没有题目需要进行科研。所以,每个博士生都应该懂得,学问里不断发展的东西是很多的,我们是在矛盾里成长的,能够写的题目是很多的。我给硕士生找个题目很容易,可是对博士生,就不能随便给他一个题目,而要训练他自己发现问题和解决问题的本领,使他能不断地成长。什么叫成长?自己有很多东西不会,他要对这些问题进攻,弄懂它,这就是科研,这就是成长。他如果没有这个能力,这样的博士生是没有用的。我们还看见不少这样的博士生,他们在国外拿了个博士衔,回来以后就又没有题目了。十年不做还可以,二十年、三十年以后,知识就老化了。可是另外也有一些人,他们一直不断地在做新的题目,像华罗庚教授,一直做到死,因为他心里有很多问题都没有解决,急着要解决,总觉得时间不够用。所以,我们培养博士生的目标,就是要求他在他所从事的科技领域里,要有满肚子的问题。这样,他离开导师以后,就可以带领一大批人去工作,这就叫具有独立从事科学研究工作的能力。

综上所述,博士生、硕士生、大学生的区别就在于,一个是懂得自学本本,一个是懂得自学文章,一个是能寻找问题。而硕士生跟博士生的主要区别是，博士生应该有满肚子的问题，有独立工作的能力。

以上我讲的这些，无非是我一辈子积累起来的一点经验，这也是知识，是获得知识的知识。我希望你们将来都是生龙活虎的人，有满肚子问题的人，能上战场的人。

（原载《钱伟长学术论著自选集》，首都师范大学出版社1994年版）

1891—1962

胡适：科学方法引论

（一）向来"科学概论"一科太偏重一家之言，成为一种科学的哲学，实际上多不是普通人所能了解。此次设"科学概论"，重在请专家讲解每一种科学的历史的演变与方法的要点，使学人明了各种科学的方法和意义。

（二）科学方法只是每一种科学治理其材料、解决其问题的方法。科学门类繁多，然而有一个共同的精神，一种共同的性质，此共同之点即是他们的方法都是［经］得起最严格的审查评判的。一种科学所以能成为科学（*有条理系统的学问*），都是因为他的方法的谨严。方法的细则虽因材料不同而有变通，然而千变万化终不能改变其根本立场。科学方法只是能使理智满意的推论方法。理智所以能满意，无他玄妙，只是步步站在证据之上。

（三）推论（inference）有三种：

1. 从个体推知个体（*比例的推论*，analogy）；
2. 从个体推知通则（*归纳的推论*，induction）；
3. 从原则推知个体（*演绎的推论*，deduction）。

（四）在科学的推理上，这三种推论都用得着，很少时候只用一种推论方法。平常总是三种推论并用，时而比例，时而归纳，时而演绎。往往是忽而演绎，忽而归纳，忽而又演绎。但是一种科学必须有可以从原理推知个体事物的可能，方才成为系统的知识。故三种推论之中，演绎法的应用最广。然演绎的原理必须从归纳得来。

（五）推论只是亚里士多德说的"从我们所比较熟知的下手"；只是从已知推知未知。朱熹说，"故凡天下之物，莫不因其已知之理而益穷之，以求至乎其极"，也是这个道理。推论之得失全靠方法之是否精密。

（六）科学方法的要点，只是"大胆的假设，小心的求证"。科学方法只是"假设"（hypothesis）与"证实"（verification）的符合。古来论方法的哲学家，如亚里士多德（Aristotle）则太偏重演绎；如培根（Bacon）与弥儿（Mill）则太偏重归纳。只有耶芳士（Ievons）与杜威（Dewey）说的比较最平允。耶芳士说：所谓归纳，只是倒过来的演绎。一切归纳所得的通则，都只是一种假设，其能成立与否，全看他是否能用作演绎的基础，如演绎出来，都无例外，则是"证实了"那个假设的原理。《墨子·小取》篇说："推也者，以其所不取之同于其所取者予之也。"如说"凡人皆有死"。我们所见的人，不过古往今来无量数的人类的一绝小部分；然而我们敢说"凡人皆有死"，只是把那未见未知的人都假定为和那已见已知的人是相"同"的。此种大胆的归纳，全靠后来的证实。证实则是演绎，其方式如下：

凡人皆有死。（大前提）

过去的孔子、孟子是人，未来的张三、李四是人。（小前提）

故孔子、孟子与张三、李四皆有死。（结论）

凡科学上的伟大原理，如"万有引力"说，如"质力不灭"说，都是这样的：其初为从一些个体事物归纳出来的大胆假设；直到没有例外可以摧破此种原理时，假设得着证实，归纳的原理而可以用作演绎的前提，方可以说是科学的定理了。

（七）杜威说科学方法可分五步：

1. 问题的发生；

2. 疑难的认定；

3. 假设几个可能的解答；

4. 决定一个最满意的解答；

5. 证实这个解答确是最满意的。

试举例说明之。解白勒（Kepler）证明火星轨道为椭圆的，其思想历程如下：

1. 古代天文学把行星轨道都认作正圆的，而火星的运行最不规则，古说不够说明火星的运行了。（问题）

2. 解白勒之师第谷（Tycho）积下了几十年实际测候的记录，［显］出火星轨道有几种特点，皆非旧说所能说明。（认清疑难之点）

3. 解白勒试验了种种可能的解答。（假设）

4. 最后他依据"圆锥曲线法"（conic sections）认定火星运行的特点最合于椭圆的原理，所以他决定火星轨道是椭圆的，绕着太阳行，太阳在椭圆的一个中心。

5. 依此原则，一切困难都解决了，故这个假设完全证实了。（证实）

在这个推理里，归纳与演绎是错杂用的。第四步分明是从个体事实推到一个原则，然而实际上也可以说是从向来久已知道的圆锥曲线几何原理上演绎出来的。第五步的证实，分明是演绎，然而每一种演绎都得用实际测验的结果。这样的演绎与归纳错杂互用，互相证实，乃是科学方法的特色。

（八）"能力不减"说的历史也可以做例。

1. 迈耶（Mayer）在爪哇行医时，注意到那地方的病人的静脉血特别鲜红。（问题的发现与认定）

2. 他研究的结果，提出一个假设：是否热带的人容易维持体温，需要身体中的氧化作用不多，所以血色特别鲜红？（假设的解答）

3. 他进一步研究动物的体温，又进一步研究机械力所发生的热力，更进一步研究各种"能力"，结果他得着一个大原则：在宇宙之中，无论在有机或无机物体里，能力可以变化，但不可毁灭。

这第三步里，包含种种归纳与演绎。步步是归纳，但归纳所得的通则都可以帮助解答个别的问题。个别的问题都消纳在大原则之中，得着满意的解答，故假定的原则也得着证实了。

（九）历史语言的科学，也须用同样的思想方法。试举一二个简单的例子。

例一 《诗经》"终风且暴",旧说"终风","终日风也"。高邮王氏父子比较"终窭且贫"、"终温且惠"等句子,说为"既风且暴"。

例二 《尚书·洪范》"无偏无颇,遵王之义"。唐明王疑"颇"字不协韵,下敕改为"陂"字。

顾亭林说古音"义"字读为"我",故与"颇"协韵。

〔证〕1.《易·象传》:"鼎耳革,失其义也。覆公𫗧,信如何也。"

2.《礼记·表记》:"道者左也"与"道者义也"为韵。

凡假设的通则,必须能解答同类的个体字实。能解答即是证实;证实则是看此通则有无例外,有例外,即不成通则了。假设不妨大胆,但必须细心寻求证据来试验假设是否能成立。凡不曾证实的假设都只是待证的,不能认作定理。

(原载《胡适全集》第 8 卷,安徽教育出版社 2003 年版)

1907—2000

吴大猷：科学方法谈

问：从前大陆上那些学生，是否独立思考能力较强，所以成就较显著？

答：我想问这个问题的出发点，大概是由几个有突出成就的学者，得来这个印象的。一般来讲，我不以为昔日大陆的学生，普遍的比较强于独立思考。

我想对"独立思考"说几句话。在研究学问，尤其在高阶段，独立思考诚然是极重要的；所谓"创见"、"突破"，当然要来自独立思考。但在独立思考之前，我们务须先有基本的知识，以学物理言，除了基础的知识（如大学所列为必修的普通物理、电磁学、微积分、高等力学、热力学、近代物理、量子力学等）为研讨的工具外，更须知道有意义的、未解决的问题之所在，否则独立的思考，不是"无的放矢"，便是"此路不通"。须知科学的发展，每一步重要的进展，都不是偶发性的，而是步步层层堆叠而来的。所谓"获得基础知识"，并不是形式上读过某一课程，而是将习过的东西完全弄懂，有如吃东西，必须将它消化，变成自己的细胞，才能长成肌肉。我以为在大学阶段，最重要的是获得一个广而且深的基础，所谓独立思考，是宜用在学习时对课题从不同观点、层次的求了解，不是不屑学习课程而思考;《论语》的"学而不思则罔,思而不学则殆"。大概便是此意。

问:方才提到独立思考,主要是因为我们从小在升学主义下念书,教我们思考的少,大多是背诵;另外,是否因为您那时物质环境与时代背景的特殊,会刺激人去思考?

答:我回答的也许不是你所问的。当然,目前我们的教书方法,从小学、中学到大学,都偏于"灌注式",确是忽略启发、思考的教法。十多年前,我曾和板桥的一个省立国小科学教学研习机构的同人们,谈着重启发式的教法。我们的问题是:(一)各级的教师,本身所受的教育是灌注式的,相沿成了习惯,不易改;(二)教师用启发式,比较由教师讲解难得多了,教师需要用多倍的心力才行;(三)每班学生人数太多,只好由教师"讲授"了。

至于训练思考,我以为"几何"是训练思想有条理的最好科目。几何中每一步的证明,都是根据前一步已知的(或定理),是所谓遵守逻辑的步骤。几何一科的重要,不在逼学生作有时很难的习题,而是借这些证明程序无形中来训练人逻辑的思考习惯。我在初三念平面几何一年,高一念立体几何一学期,可惜目前台湾的中学课程中,几何的训练变得很轻了。

问:刚才您似提到对台湾的大学生情形不甚满意,那么,除了基本知识与逻辑思考外,我们还需要什么?

答:我是以一般印象来讲,在大学阶段,主要是求知识的精神、态度,读书的方法、习惯。我的理想的大学,是能给予学生良好的基本训练——在知识上、求知的态度、方法、习惯上——使学生以后可以继续成长。这样似是很低的要求，却需要良好的教师和设备，和由教师致力于学术所产生的浓厚学术气氛和高的学术水准的。只有楼馆建筑、图书和设备而没有学术研究的人和气氛，是不能说是一个第一流大学的。

问：处理物理问题，常迷失在数学中。请您谈谈。

答：我们首先须有清楚的观念，将一个问题纯属数学性的部分，和物理问题分开。物理的问题，包括物理现象、概念和概念间的关系。例如行星的运动，我们知道是力学的问题；光或电磁的某些问题，是需要哪些概念、理论等。至于数学的部分，则是按逻辑的步骤演算，逻辑代你作许多的思考，但并不增减你原有的物理内涵。除非你在数学的步骤中有了错误，数学是不骗人的，你不应迷失于数学中。

问：我们现在会遇见双重问题：（一）数学工具不足，不会运用；（二）处理数学时，物理的观念会失掉。请您谈谈。

答：关于第一点，我只可以说，读物理者，不可能先习无尽量的数学为准备，这正是安排些课程如复变函数、线性代数、直交函数等为必须选修的原因。如某时发现工具不够，就临时补一下。例如海森伯创建矩阵力学时，他有了创新思想的基本要点，但他未学过矩阵代数，还是由 M. 玻恩指出他所用的新概念，正是矩阵。在三个多月中，他和玻恩及一位年轻数学家约尔丹便将"矩阵力学"完成起来；从此知道它是"量子力学"的一个表示形式。又在1924年前后，德布罗依创出"物质波"的新意，如他不熟知相对论，便不能作为他构思的根据。1926年时，E.薛定谔三十九岁，是一个成熟的物理学家，有数学和物理的根基，所以研读德布罗依的博士论文后，在五六个月中，便将波动力学的数学结构完成了。薛定谔固然拥有所需的数学，但重要的还是他能将物理的思索，表达成数学的问题！

关于第二点，我在答刚才的那个问题时已说过了些。

问：您曾不只一次地说过，古典热力学是古典物理中最难的一部。请您谈谈。

答：这句话不是有绝对性意义的。我为强调某些点，常会故意夸大一些。

古典热力学之所以难，是因为它的基本定律——第一和第二定律——太普遍性（general），太"简单"了，所以大家都可以背出来，但并不真懂第二定律的内涵，更不知它和物理现象的关系。热力学因为它的普遍性，所以威力极大，可应用于一切的情形，但又因为它的"普遍性"而不包含"细节"故它的应用受到限制。例如气体态方程式 $PV=RT$ 这样简单的定律，威力极大的热力学，只能告诉我们平衡态的气体的 P，V，T 三概念间，必有一个函数关系 $f(P, V, T)=0$，而竟无从导出这函数的形式。又熵的观念，是很复杂艰深的，很多书取巧，只从统计观点来解释熵，虽不能说这是错，但这是不够的。又如所谓不可逆过程，很少书讲得清楚；其实"不可逆"是和第二定律本身有不可分的关系。热力学难，即是有许多这样的难解释之处。

问：您治学这么久，是否认为物理是比较不可"学"的，比较适合有天资的人念，不像某些学问，可以一分耕耘，一分收获？

答：我不以为然。学物理，或任何其他的学问，有高天资当然好，中上之资，也可以念。每人当然须对自己有些评估和"合理"的期望，尽自己的能力去研求，欣赏物理，无须、亦不可能总以牛顿、爱因斯坦为目标。

天资之外，更需努力。以李政道说，几十年来，物理问题经常的在他脑子里，常常半夜二三点钟有些线索，即起床工作。大家不要以为只要有天资，便可坐待大成的。

（本文为吴大猷与台湾"清华大学"物理系师生座谈记录的一部分。原载《吴大猷文录》，浙江文艺出版社1999年版）

1893—1988

毛子水：谈科学的分类和治学的途径

从古到今，谈科学分类的，何止"百家"！学者如要知道个大概，可一翻弗令忒（R. Flint）的《科学分类的历史》（*History of the Classification of the Science*）。本文所要讲的，是 19 世纪的两家，孔德（A. Comte）和斯宾塞尔（H. Spencer）。这两家的分类，都是和他们所讲的做学问的途径有关系的。

孔德为 19 世纪上半期的法国哲学家。虽然在现代的很著名的哲学史里面或找不出他的名字，但他是当时所谓实证哲学（Positivism）的创始人。他把基本科学分为六门：（一）算学；（二）天文；（三）物理；（四）化学；（五）生物学；（六）社会学。第七门则是他心目中最高而最后的科学，为道德学。他以为一切科学，由简趋繁，由纯趋杂，是有连贯性的。

孔德这个分法，就大体言，唯一不妥的地方，是把天文学作为一独立的基本科学而列于物理学和化学的前面。孔德可能因为太拘泥于科学发展的历史而有这个错误；但无论如何，总是说不通的。（四十年前，英国生物学家汤姆生写他的《科学概论》时，以为孔德把心理学看作生理学的一部分为没有理由；我们现在不能赞同汤姆生的见解了。我们如果就孔德的原单在生物学和社会学中间添进一门心理学而把天文学涂去，那当然要比孔德的原单有条理得多，有意义得多。但孔德的把心理学当作生理学的一部分，从思想史的观点讲，实在是值得称赞的一件事。）除却这个错误而外，我们觉得孔德的分法，在哲学方面的贡献虽然不见得大，而在学术进步的关系上则很有功劳。

一

孔德以为道德的科学，须以生物社会等学为基础。这点是孔德卓越的见解。道德的标准，不能仅凭孔子、释迦、耶稣的经典而定，亦不能仅凭从古至今任何人的意见，乃应该用生物学和社会学所得的结论为依据以定的。孔德这个见解，可以说是科学的伦理学的萌芽。总之，以科学的知识来范围生活，现在许多大哲学家都有着同样主张。有许多人把科学和道德看作敌对的东西，那真是大谬。

《大学》的首章："古之欲明明德于天下者，先治其国；欲治其国者，先齐其家；欲齐其家者，先修其身；欲修其身者，先正其心；欲正其心者，先诚其意；欲诚其意者，先致其知；致知在格物。"这里的"格物致知"，从前有人以为即是自然科学的事情；那是靠不住的解释。但我们把这四个字解作"求一切事物准确的知识"，则相差当不至于太远。已名为一切事物，则自然和社会的现象自应都包括在内。我们现在如果把"格致"当作孔德的基本科学——从算学至社会学——把"诚正修齐……"当作孔德的道德学,则我们便不能不想到中外古今的"若合符节"了!(这不是勉强附会。作大学的人,当然以为:要懂得做人的道理,先要有人世一切现象的知识。可惜这篇书的"第一章"以后,文理不能相称。)

二

孔德把算学以至道德学,由简纯至繁复,依次排列,同条共贯;意谓"算学通而后(天文学可通,天文学通而后)物理学可通,物理学通而后化学可通,化学通而后生物学可通,生物学通而后社会学可通,社会学通而后道德学可通"。这个"盈科而后进"的程序,实是做学问的一条大道。任做什么学问,一定要遵守这种程序,才不至于"无本"的毛病。

斯宾塞尔则是 19 世纪下半期的英国的学者。他虽然阐述孔德实证哲学的体统,但在科学的分类上,则不以孔德为然而欲自创一说。他的分类的大纲如下:

组甲:抽象的科学(abstract sciences),如逻辑和算学。

组乙:抽象具体的闲科(abstract-concrete sciences),如力学、物理学、化学等。

组丙:具体的科学(concrete sciences),如天文学、地质学、生物学、心理学、社会学等。

这个由单纯到复杂的分法，可能由于孔德分法的启发。斯宾塞尔以逻辑和算学独列为一组，自是卓识。但他在抽象科学和具体科学中间插进一抽象具体的闲科，则为后来谈科学分类的学者所放弃。依我的意见，斯宾塞尔以力学、物理学、化学和天文学、地质学等分列，是很有理由的；物理学和化学，究竟要比天文地质等为更普通、更基本。不过本文的目的不在讨论分类的得失，只是要从科学的分类以纵言到治学的门径，所以对于分类的细节不再详及。

斯宾塞尔对于治学的途径的意见，可从他的《群学肄言》中略窥一斑。他以为要治群学（社会学），先须有缮性的功夫。这个功夫的步骤，第一为研治抽象的科学；所以通知法式。次为研治抽象具体的闲科；所以通知义类。次及生物心性诸具体的科学；所以穷尽事物的变化。一个人必须有这样的预备，才能屏除偏见和我执，才可以真正了解广大精微的社会学。这个见解，实在和孔德在他的《实证哲学的课程》所表示的见解差不多，亦和我们《大学》首章的道理相像。我很希望读我这篇文字的人，能去翻开《群学肄言》的第十三篇（缮性）一读。这几十分钟的工夫，决不会白费的。

清代的末年，我国有一个很好的读书人，叫作严复。他译了许多西洋的好书，如亚丹·斯密的《原富》，孟德斯鸠的《法意》，穆勒的《名学》，斯宾塞尔的《群学肄言》，赫胥黎的《天演论》等。他谈到做学问的途径，似乎一以斯宾塞尔的说法为依归。记坊间印行的《林严合钞》中，严氏曾有一篇与友人论学的书札；书中大意，就是以《群学肄言》的缮性篇为蓝本的。在严氏写那封信的时候，中国士子正忙于科举；严氏用这个意思告诉他研治社会科学（政治、经济、历史等）的方法，自然是再好没有的了。我的意思，就是五十年后的今天，真正的要研治社会科学，斯宾塞尔的课程单还有参考的价值。

（原载《毛子水文存》，华龄出版社2011年版）

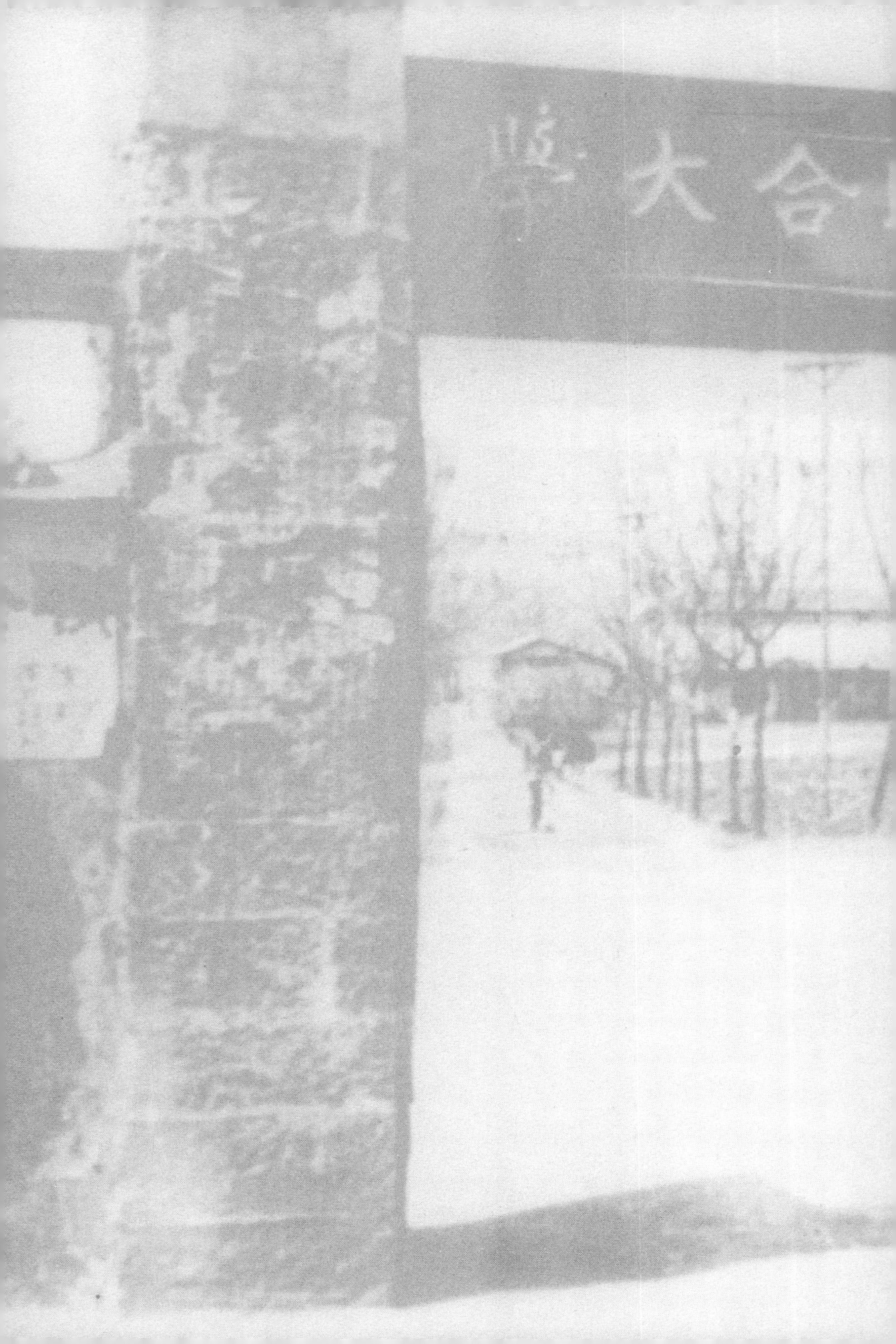
大合

第五篇 科学与人生
科学精神与人生道路五讲

1937—1946

1937—1946

1898—1977

叶企孙：科学与人生
——自然科学对于现代人生的贡献

一、供给正确的时间及距离

计算的原理，远在古代希腊即有所发现，经过后来继续不断地研究，始渐渐地发现许多算学上的定律。不过那时仍然不知道实际的应用。到了16世纪航海事业发达以后，人们始能运用算学上的原理、定律，对于时间及距离加以正确的计算。正确的计算，对于人类的幸福，是有莫大的价值。假如世间没有完善的算学的方法，那么便绝对没有近代的文明。各位试看，人与人的交往，社会上政治上的种种活动，以及商店工厂，哪一处可以离开对时间空间的正确计划？至于各种物品的制造，机器、桥梁、建筑物的建造，更需要一种精密的计算。所以，计算方法的进步，实为人类文明进步的基础。

二、推广视觉及听觉在距离上及时间上的限度

人类的视觉听觉，无论在距离上或时间上都是有限度的。常人的视觉，只能达到两里的距离；而在近的地方，关于很小很细的东西，还是不能看见。自从16世纪科学家发现了光线的原理以

后，便有眼镜、望远镜、显微镜（放大二万倍）。因此，增大了人们的视觉能力。照相术、电影的发明，更能推广人们视觉的时间限度。至于常人的听觉能力也很有限，自从科学家发明了无线电、放大器、留声机、有声电影以后，人们听觉与视觉的能力也增强了。

三、增加知识工作效率

科学能增加知识工作效率的问题，可由"说、写、读、算"四点来看。在"说"的方面，如无线电发明，可以使我们的声音传达到很远很远的地方；放大器的发明，可以使我们的音浪广播在很辽阔的场所。就"写"的方面来讲，因为打字机的发明，我们可以节省许多写字的手续与时间。最近美国有一种打字、收音合并的设备 pictaphone，对于说写的便利更大。在"读"的方面，贡献最大的，便是用于瞎聋残疾人的一种机器，它能帮助他们识字读书。至于"算"的方面，过去所感受到计算上的麻烦，如开方、解微分方程式等都是最烦难的事，现在都能用计算尺、计算机种种器具来解决。因此，人们便可抽出更多时间与精力来从事其他的研究。

四、增加农工生产的效率

过去农业工业统以人力生产，因为科学的进步，现在却可以利用各种机器代替人力。用机器生产的结果，不但效率增大，产量增多，而且生产品较手工出产品亦完善得多。美国人口不过一万万三千万,但是美国生产的粮食可以供给很多人民的食用,美国生产的机器更可供给世界上许多国家的需要。这便是因为美国的科学发达,所以能够有这样大的生产量。

五、使人类明了宇宙的伟大及人生的意义

所谓宇宙,包含空间与时间的两种意义。从前人类,因为自然科学知识的不够,所以对于宇宙只有一种神秘之感。自从天文学发达以后,方渐渐知道宇宙的伟大。吾人所寄居之地球,全径约八千英里,地球距太阳九千三百万英里,光的秒速是十八万英里,而太阳的光射到地球上时,需经过八分钟的时间。还有更远的恒星,若以光速来计算,有多至需几百"光年"者,由此足知宇宙之辽阔,真是不可想象了。太阳的年龄约二万万年,地球的年龄更大[①],但地球有生物的历史,实在不长,而自有人类至今,为时更属有限。若以吾人有限的生命与伟大的宇宙相视,实在渺小可怜,而宇宙之所以有人类诞生,盖在创造建设,意义极为重大。吾人生于宇宙之中,应该认清自己的责任,以发挥人生真正的意义与价值。

六、增加人类物质生活上的幸福

科学是能够增加人类物质生活上的幸福的。关于这一点,可由

[①] 本文中的太阳与地球年龄是按照旧天体演化理论之说。20世纪50年代才根据热核反应原理建立新的恒星演化理论,推算太阳年龄约为46亿年,地球年龄与太阳年龄相仿。——编者注

衣食住行、卫生医药等方面来说明。

（一）衣的方面。人类的衣服问题与科学的关系很大。先就衣服原料来说，衣的主要原料是棉、麻等农产品，而这些农产品的培植方法，如除虫、施肥、改良品种等等，都是要仰赖科学。棉麻等作物长成后，还要经过加工、纺织手续，方可成为布匹，而纺织便要利用机器。若干年来，因为科学家的不断研究，在衣服原料纺织方面，都有惊人的发明。过去衣服原料，一定要依赖农产品，而自1855年以后，即有人造的替代品发明，如美国首先用空气、某种酸、酒精、石灰做成一种人造丝，经数年来改造，已较真丝为佳。其次，如羊毛也可人造。此外尚有各种人造衣料。如将来衣料不需农产品供给，用人造品来代替，那么无形中便可抽出一大部分土地来种植其他的农产品以供给另外方面的需要了。

（二）食的方面。食的主要原料也是农产品。在饮食方面，除食料之外，还有烹饪的方法。它与科学也有很大关系。食料中本含有很多不同的养料，如维他命等，若烹饪不得其法，往往便会将养料失去，所以烹饪必定要用科学的方法。如米中维他命完全含在表皮上，一般人往往只图好吃好看，将米舂得太过，虽然米的颜色洁白美观，但养料却已失去很多。又如，做饭时将米汤滤去，不知米之养料的一部分在米汤里，如何能够随意泼去呢？其次，食料的配合，也有很大的道理存在其中。同样的食料，配合合理，便可发生更多卡路里的热量。人造代用品，经过近二三十年的研究亦有所发明。如人造黄油便有若干年的历史。过去人造黄油中缺维他命D，现在维他命D可由人造得来。所以，今后人造黄油可以与原品媲美了。最近，德国又发明在木屑中提炼糖。此外，大家知道，英国人喜羊肉，但英国本土不宜饲羊。他所吃的羊肉，大半靠苏格兰供给。为什么羊不宜生长于英国而产于苏格兰呢？经英国科学家研究，发现了羊的食料必须要有细微的钴，羊才能长大；羊之所以产于苏格兰，便是因为那地方的土中有一万分之十二的钴。英国人发现这个道理之后，现正设法补救，以便推广羊的饲料。不久以后，英国人吃羊肉问题当可解决。

（三）住的方面。住的问题，也是要依赖科学方法来改进的。建筑房子的原料，如木料便要仰赖农业林业的生产。水泥、钢铁又要依靠工厂的出品。"农林"与"工厂"是需要科学的。近来美国发明一种方法，能将木块压成很薄的木板。木板虽系薄片，但承力很大。用这种板造房子，可随处携带移动，尤其便于旅行。这种精而又精的发明，完全是科学的功效。

（四）行的方面。行与科学的关系最为明显。近世纪以来，因各种交通工具的发达与改进，人们的"行"得到了很大的便利。今后航空事业当有更大发展，或许不出半个世纪，每个城市都有飞机场设备。人们往来各处，可随时利用飞机。那时交通便利的情形，当非现在所能想象。其次与交通密切相关的橡胶，几乎完全产于南洋一带。近来英美科学研究发现，由黄豆油与酒精中提炼人造橡胶，业已成功，并已正式生产。今年年底可产四百万磅，差可供给英美之用。最近，又发明由蒲公英的籽中提炼橡胶。至于人造汽油，世界各国均已普遍制造。

（五）医药卫生方面。科学对于医药卫生的贡献也是很大，较之前面四者有过之而无不及。各位耳闻目睹者甚多。医药卫生方面的发明比较专门些。因时间不多，不拟加以解释。

总之，因为科学发达，使人类物质生活的幸福增加了很多，今后也仍然要"科学"来促进。

七、增加国家的自卫能力

增加国家的自卫能力，主要是由于有了进步的完善的自卫工具。自卫工具包括的范围很广，不仅枪炮等军火工具而已。尤其是，有很多的科学发明，间接地增加了国家的自卫能力。如1940年夏天，德国以相当优势的空军轰炸英伦三岛，当时英国有一位无线电专家，名叫 Watson Watt，利用无线电的反波原理，发明一种仪器，可以测知飞机经过电波时的一种反波，从而指示高射炮射击目标。非常准确的射击，使德国飞机无法在英伦三岛上空活动。这些无线电专家的发明之功，就非常严密地保卫了英伦三岛。由这个例子可以知道，科学上很多发明，表面看来似与国家自卫问题无关，事实上是能够增大自卫力量的。科学愈发达，国家自卫能力愈大。所以一个国家的自卫能力，必须要有进步的科学做基础。可是，不幸的是，科学也同时增加了侵略者的侵略力量。

八、增加国家的组织能力

一个进步的现代化国家，必须要有一种完备的组织，而完备的组织又必须仰于合理的、科学的、严密的管理。自从无线电发明以后，无形中使人们管理能力增大了很多。十五年前，美国心理学家发明了一种仪器，可以测出人们是否说谎。今日战时，各国都实行一种统制经济，如果利用这种仪器来检查囤积居奇的案件，不是最科学最理想的工具吗？又如现在无线电事业发达，使民众教育可以普及实施。这种提高民众的教育，无形中也是大有助于国家对人民的管理。又在现代国家政治上，"选任"的问题也很重要。一个国家的强盛，必须要能做到"人尽其用"。要"人尽其用"，便要有合理的适当的"选任"。近来由于心理学的进步，可以用种种测验的方法，测定每个人的性格智力，便可适当安排人的工作，以发挥其天赋的能力了。如有智力特高的天才，国家可以尽量培植，而不致使人才埋没。这些都是科学直接、间接地对行政上的帮助。

九、总结

总之，科学对于人生有莫大的帮助。二者之间，具有密切的关系。在一个现代国家中，每个人都应该重视科学，提倡研究的精神，使科学能够有日新月异的进步，那么这个国家没有不强盛的。

"科学与人生"的问题,范围很大,今天不过是提纲大略而言,目的在使诸位知道二者之间的主要关系,至于如何配合应用,则是尚需有志之士加以精心研究的。

[原载《叶企孙文存(增订本)》,科学出版社 2018 年版]

1895—1990

钱穆：科学与人生

科学头脑，冷静，纯理智的求真，这是现代一般智识分子惯叫的口头禅。然而整个世界根本上就不是冷静的，又不是纯理智的。整个人生亦不是冷静的，亦不是纯理智的。若说科学只是冷静与纯理智，则整个世界以及整个人生就根本不是科学的。试问你把科学的头脑，冷静，纯理智的姿态，如何能把握到这整个世界以及整个人生之真相？

张目而视，倾耳而听，如何是真的色，如何是真的声？视听根本便是一个动，根本便带有热的血，根本便参杂有一番情绪，一番欲望。不经过你的耳听目视，何处来有真的声和真的色？因此所谓真的声和真的色，实际都已参进了人的热的血，莫不附带着人之情和欲。科学根本应该也是人生的，科学真理不能逃出人生真理之外。若把人生的热和血冷静下来，把人生的情和欲洗净了，消散了，来探求所谓科学真理，那些科学真理对人生有好处，至少也得有坏处，有利也须有弊。

人体解剖，据说是科学家寻求对于人体知识所必要的手续。然而人体是血和肉组成的一架活机构，血冷下了，肉割除了，活的机构变成了死的，只在尸体上去寻求对于活人的智识，试问此种智识真乎不真？面对着一个活泼泼的生人，决不能让你头脑冷静，决不能让你纯理智。当你走进解剖室，在你面前的，是赫然的一个尸体，你那时头脑是冷静了，你在纯理智的对待他。但你莫忘却，人生不是行尸走肉。家庭乃至任何团体，人生的场合，不是尸体陈列所。若你真要把走进解剖室的那一种头脑和心情来走进你的家庭和任何人群团体，你将永不得人生之真相。从人体解剖得来的一番智识，或许对某几种生理病态有用，但病态不就是生机。你那种走进人体解剖室的训练和习惯，却对整个人生，活泼泼的人生应用不上。

先把活的当死的看，待你看惯了死的，回头再来看活的，这里面有许多危险，你该慎防。解剖术在中国医学史上，也曾屡次应用过，但屡次遭人非难，据说在西方历史上亦然。这并不是说解剖死人的尸体，得不到对活人的身体上之某几部分的智识。大抵在反对者的心里，只怕养成了你把活人当死人看的那种心理习惯。那就是冷静，纯理智，和科学头脑。反对者的借口，总说是不人道。不错，冷静，纯理智，便是不人道。人道是热和血之动，是情与欲之交流，那能冷静，那能纯理智？若科学非得冷静与纯理智，那科学便是不人道。把不人道的科学所得来的智识，应用到人生方面，这一层不得不格外留神。

科学家所要求的，在自己要头脑冷静，要纯理智，在外面又要一个特定的场合，要事态单纯而能无穷反复。那样才好让他来求真。但整个世界，整个人生，根本就不单纯，根本就变动不居，与日俱新，事态一去不复来，绝不能老在一个状态上反复无穷。因此说世界与人生根本就不科学，至少有一部分不科学，而且这一部分，正是重要的一部分。让我们用人为的方法，把外面复杂的事态在特设的场合下单纯起来，再强制的叫他反复无穷，如此好让我们得着一些我们所要的知识。然而这真是一些而已。你若认此一些当作全部，你若认为外面的世界和人生，真如你的实验室里的一切，也一样地单纯，也一样地可以反复无穷，科学知识是有用的，然而你那种心智习惯却甚有害。而且你所得的知识的用处，将抵偿不过你所养成的心智习惯的害处来得更深更大。

原来科学家本就把他自身也关闭在一个特定的场合下的，他把他自身从整个世界整个人生中抽出，因此能头脑冷静，能用纯理智的心情来对某些单纯的事态作无穷反复的研寻。他们所得来的知识，未尝不可在整个世界与整个人生中的某几处应用，让我们依然把这些科学家在特定的场合中封闭，研究人体解剖的医生，依然封闭在解剖室里，整个医学上用得到解剖人体所得来的知识，但我们不要一个纯解剖的医学。人生中用得到科学，但我们不能要一个纯科学的人生。科学只是寻求知识的一条路、一种方法。我们用得到科学知识，但我们不能要纯科学的知识。否则我们须将科学态度和科学方法大大地解放，是否能在科学中也放进"热和血之动"，在科学中也渗入"人之情感与欲望"，让科学走进人生广大而复杂的场面，一往不复的与日俱新的一切事态，也成为科学研究之对象呢？这应该是此下人类寻求知识一个新对象，一种新努力。

前一种科学,我们称他为"自然科学",后一种科学,则将是"人文科学"了。近代西方科学是从自然科学出发的,我们渴盼有一种新的人文科学兴起。人文和自然不能分离,但也不能用自然来吞灭了人文。人文要从自然中出头,要运用自然来创建人文。我们要有复杂的变动的热情的人生科学,来运用那些单纯的静定的纯理智的非人生的自然科学。

(此文作于1948年春,原载钱穆:《湖上闲思录》,九州出版社2011年版)

1891—1962

胡适：工程师的人生观

今天要赶十点四十分钟的飞机到台东，所以只能很简单地说几句话，很为抱歉。报上说我作学术讲演，这是不敢当。我是来向工学院拜寿的。昨夜我问秦院长希望我送什么礼物。晚上想想，认为最好的礼物，是讲讲工程师的思想史同哲学史。所以我便以此送给各位。

究竟什么算是工程师的哲学呢？什么算是工程师的人生观呢？因为时间很短，我当然不能把这个大的题目讲得满意，只是提出几点意思，给现在的工程师同将来的工程师作个参考。法国从前有一位科学家柏格生（Bergson）说："人是制器的动物。"过去有许多人说："人是有效力的动物。"也有许多人说："人是理智的动物。"而柏格生说："人是能够制造器具的动物。"这个初造器具的动物，是工程师的老祖宗。什么叫作工程师呢？工程师的作用，在能够找出自然界的利益，强迫自然世界把它的利益一个一个贡献出来；就是改造自然、征服自然、控制自然，以减除人的痛苦，增加人的幸福。这是工程师哲学的简单说法。

大家都承认：学作工程师的，每天在课堂里面上应该上的课，在试验室里面作应该作的试验，也许忽略了最大的目标，或者忽略了真正的基本——工程师的人生观。所以这个题目，是值得我们考虑的。

昨天在工学院教授座谈会中，我说：我到了六十二岁，还不知道我专门学的什么。起初学农；以后弄弄文学、弄弄哲学、弄弄历史；现在搞《水经注》，人家说我改弄地理。也许六十五岁以后七十岁的时候，说不定要到工学院作学生；只怕工学院的先生们不愿意收一个老学徒，说"老狗教不会新把戏"。今天在工学院作学生不够资格的人，要来谈谈现在的工程师同将来的工程师的人生观，实属狂妄，就是，有点大胆。不过我觉得我这个意思，值得提出来说说。人是能够制造器具的动物，别的动物，也有能够制造东西的，譬如：蜘蛛能够制造网，蜜蜂能够制造蜜糖，珊瑚虫能够制造珊瑚岛。而我们人同这些动物之所以不同，就是蜘蛛制造网的丝，是从肚子里出来的，它肚子里有无穷无尽的丝；蜜蜂采取百花，经一番制造，作成的确比原料高明的蜜糖；这些动物，可算是工程师；但是它的范围，它用的只是它自己的本能。珊瑚虫能够做成很大的珊瑚岛，也是本能的。人，如果只靠他的本能，讲起来也是有限得很的！人与蜘蛛、蜜蜂、珊瑚虫所以不同，是在他充分运用聪明才智，揭发自然的秘密，来改造自然、征服自然、控制自然。控制自然，为的是什么呢？不是像蜘蛛制网，为的捕虫子来吃；人的控制自然，为的是要减轻人的劳苦，减除人的痛苦，增加人的幸福，使人类的生活格外的丰富，格外有意义。这是"科学与工业的文化"的哲学。我觉得柏格生这个"人"的定义，同我们刚才简单讲的工程师的哲学，工程师的人生观，工程师的目标，是值得我们随时想想，随时考虑的。

这个话同这个目标，不是外国来的东西，可以说是我们老祖宗在几百年，甚至几千年以前，就有了这种理想了。目前有些人提倡读经；我倒很愿意为工程师背几句经书，来说明这个理想。

人如何能控制自然，制造器具呢？人控制自然这个观念，无论东方的圣人贤人，西方的圣人贤人，都是同样有的。我现在提出我们古人的几句话，使大家知道工程师的哲学，并不是完全外来的洋货。我常常喜欢把《易经·系辞》里面几句话翻成外国文给外国人看。这几句话是："见乃谓之象；形乃谓之器；制而用之谓之法；利用出入，民咸用之，谓之神。"看见一个意思，叫作象；把这个意象变成一种东西——形，叫作器；大规模的制造出来，叫作法；老百姓用工程师制造出来的这些器具，都说好呀！好呀！但是不晓得这器具是从一种意象来的，所以看见工程师便叫作神。

希腊神话，说火是从天上偷来的；中国历史上发明火的燧人氏被称为古帝之一——神。火，是一个大发明。发明火的人，是一个大工程师。我刚才所举《易经·系辞》，从一个观念——意象——造成器具，这个意思，是了不得的。人类历史上所谓文化的进步，完全在制造器具的进步。文化的时代，是照工程师的成绩划分的。人类第一发明是火；大体说来，火的发现是文化的开始。下去为石器时代。无论旧石器时代、新石器时代，都是人类用智慧把石头造成功器具的时候。再下去为青铜器时代。用铜制造器具，这是工程师最大的贡献。再下去为铁的时代。这是一个大的革命。后来把铁炼成钢。再下去发明蒸汽机，为蒸汽机时代。再下去运用电力，为电力的时代；现在为原子能时代；这都是制器的大进步。每一个大时代，都只是制器的原料与动力的大革命。从发明火以后，石器时代、铜器时代、铁器时代、电力时代、原子能时代；这些文化的阶段，都是依工程师所创造划分的。

这种理想，中国历史上早就有了的。工学院水工试验室要我写字，我写了两句话。这两句话，是《荀子·天论》篇里面的。《荀子·天论》篇，是中国古代了不得的哲学，也就是西方柏格生征服自然，以为人用的思想。《荀子·天论》篇说："从天而颂之，孰与制天命而用之？大天而思之，孰与物蓄而制裁之？"这个文字，依照清代学者校勘，稍须改动。但意思没有改动。"从天而颂之"，是说服从自然。"从天而颂之，孰与制天命而用之？"两句话联起来说，意思是：跟着自然走而歌颂，不如控制自然来用。"大天而思之"，是问自然是怎样来的。"大天而思之，孰与物蓄而制裁之？"是说：问自然从那里来的，不如把自然看成一种东西，养它、制裁它。把自然控制来用，中国思想史上只有荀子才说得这样彻底。从这两句话，也可以看出中国在两千二三百年前，就有控制天命——古人所谓天命，就是自然——把天命看作一种东西来用的思想。

"穷理致知"四个字，是代表七八百年前——11世纪到12世纪——宋朝的思想的。宋代程子、朱子提倡格物——穷理——的哲学。什么叫作"格物"呢？这有七十几种说法。今天我们不去研究这些说法。照程子、朱子的解释,"格物"是"即物而穷其理。……即凡天下之物,莫不因其已知之理而益穷之,以求至乎其极"。这样的格物致知,可以扩大人的智识。程子说:"今天格一物,明天格一物,习而久之,自然贯通。"有人以范围问他;他说:"上自天地之高大,下至一草一木,都要格的。"这个范围,就是科学的范围、工程师的范围。

两千二三百年前,荀子就有"制天命而用之"的思想;七八百年前,程子、朱子就有格物——穷理——的哲学。这是科学的哲学,可算是工程师的哲学。我们老祖宗有这样好的思想、哲学,为什么不能作到科学工业的文化呢?简单一句话,我们不幸得很,二千五百年以前的时候,已经走上了自然主义的哲学一条路了。像《老子》、《庄子》,以及更后的《淮南子》,都是代表自然主义思想的。这种自然主义的哲学发达的太早,而自然科学与工业发达的太迟:这是中国思想史的大缺点。

刚才讲的,人是用智慧制造器具的动物。这样,人就要天天同自然界接触,天天动手动脚的,抓住实物,把实物来玩,或者打碎它、煮它、烧它。玩来玩去,就可以发现新的东西,走上科学工业的一条路。比方"豆腐",就是把豆子磨细,用其他的东西来点、来试验;一次、二次,……经过许多次的试验,结果点成浆,做成功豆腐;做成功豆腐还不够,还要做豆腐干、豆腐乳。豆腐的做成,很显然的,是与自然界接触,动手、动脚、多方试验的结果,不是对自然界看看,想想,或作一首诗恭维自然界就行了的。

顶好一个例子，是格物哲学到了明朝的一个故事。明朝有一位大哲学家王阳明，他说："照程子、朱子的说法，要做圣人，要'即物而穷其理'。'即物穷理'，你们没有试验过，我王阳明试验过了。"有一天，他同一位姓钱的朋友研究格物，并由钱先生动手格竹子；拿一个凳子坐在竹子旁边望，望了三天三夜，格不出来，病了。王阳明说："你不够做圣人，我来格。"也端把椅子对着竹子望；望了一天一夜，两天两夜，……到了七天七夜，王阳明也格不出来，病了。于是王阳明说："我们不配作圣人；不能格物。"从这个故事，可以看出传统的不动手动脚，拿天然实物来玩的习惯。今天工学院植物系的学生格竹子，是要把竹子劈开，用显微镜来细细的看，再加上颜色的水，作各种的试验，然后就可以判定竹子在工业上的地位。为什么王阳明格不出来，今天的工程师可以格出来？因王阳明没有动手动脚作器具的习惯，今天的工程师有动手动脚作器具的习惯。荀子"制天命而用之"的哲学，终敌不过老子、庄子"错（措）人而思天"的哲学。故程、朱的格物穷理的思想，终不能应用到自然界的实物上去，至多只能在"读书"上（文史的研究上）发生了一点功效。

今天送给各位工程师哲学的人生观，又约略讲了讲我们老祖宗为什么失败；为什么有了这样好的征服天然的理想，穷理致知的哲学，而没有造成功科学文化、工业文化。我们可以了解我们老祖宗让西方人赶上去了。同时，从西方人后来实现了我们老祖宗的理想，我们亦就可以知道，只要振作，是可以迎头赶上的。我们只要二十年、三十年的努力，就可以同世界上科学工业发达的国家站在一样的地位。

二十年前，中国科学社要我作一个《社歌》；后来请赵元任先生作了乐谱。今天我把这个东西送给各位工程师。这个《社歌》，一共三段十二句。

  我们不崇拜自然。他是一个习钻古怪；
  我们要捶他、煮他，要叫他听我们的指派。

  我们要他给我们推车；我们要他给我们送信。
  我们要揭穿他的秘密，好叫他服事我们人。

  我们唱天行有常；我们唱致知穷理。
  明知道真理无穷，进一寸有一寸的欢喜。

（本文为胡适1952年12月27日参加台南工学院七周年纪念会的演说辞。原载《胡适全集》第22卷，安徽教育出版社2003年版）

1912—2010

钱伟长：我为什么要弃文从理

苏州高中毕业时，立刻遇到了人生道路上又一个难关，升学呢还是就业。一方面家庭经济十分困难，亟须就业养家。另一方面升学也没有很多把握，在军阀混战中，我虽然名义上在初小高小前后断断续续学过八年，进过六个学校，但实际是经常停学，有时学校停办，有时是病休在家，有时是父叔调职，跟着转学留级，实际在八年中上了十一学期的课。初中名义上学了两年，但其中一年在国学专修科跟唐文治学古文，所以，数理化和英文基础很差，在苏州高中补了不少，但究竟不如按部就班那样学得透彻明白，在考大学中只有文史尚过得去，数、理、化、英、文很没有把握。幸有上海天厨味精厂创办人吴蕴初先生决定在全国设立清寒奖学金，公开以考试选拔补助家境清寒的高中毕业生上大学，我决心一试，竟然录取。于是在1931年夏天6月一个月内在上海分别考了清华、中央、浙大、唐山、厦门五个大学。无非是多考几个大学多些录取机会，但是，喜出望外居然都考取了。那时大学试题不统一、也不分科录取，我以文史等学科补足了理科的不足，幸得进入大学，闯过了第一关。四叔钱穆时在北大当教授，我听从他的意见进了清华。那时清华文学院有朱自清、闻一多、冯友兰、陈寅恪、雷海宗、俞平伯、杨树达等名教授，我对古文和历史也有兴趣，问题是进中国文学系还是历史系。

9月16日自老家到北京进清华大学，第三天就听见了日本帝国主义用一个晚上占领东三省的报道，就是"九一八事变"。当时全国青年学生义愤填膺，纷纷罢课游行，要求抗日，这种爱国情绪激发了我，决心"弃文学理"，使我走上了"科学救国"的道路。向那时的物理系主任吴有训教授申请选读物理系，从入学考试成绩看，毫无疑问我应该学中文或历史，陈寅恪教授因为我在历史考卷上对"二十四史"的作者、卷数、注疏者这题得了个满分，也曾和四叔提起过欢迎我去历史系学习，中文系杨树达教授也宣传我的入学作文写得不差，"中文系得了一个人才"。吴教授也劝我还是学文好，说什么学文也可以救国。在我的执着要求下，经过一星期的追求，吴教授最后做了有条件的让步：试读一年，如果数、理、化三门课有一门不到七十分，就转系回文学院。这是我一辈子中一个重要的抉择。和我同样得允试读的有五人之多。在一年后，经过了艰苦努力，克服很多困难，终于达到合格和物理系的十名同学一起升入二年级，毕业时只剩八人。

我在大学本科四年中，得了终生难忘的良好教育。当时物理系有吴有训、叶企孙、萨本栋、赵忠尧、周培源、任之恭等六位知名教授，不仅讲课动人，而且同时都刻苦努力在实验室里从事自己的实验研究工作，他们经常工作到深夜。系内学术空气浓厚，师生打成一片，学术讨论"无时不在也无地不在"，有时为一个学术问题从课堂上争到课堂下。到高年级时,有不少同学因为实验工作而以实验室为家。在同学中自学已形成风气。系里经常有研讨会,有时还有欧美著名学者短期讲学,学术访问,如欧洲著名物理学者波尔(N. H. D. Bohr)、笛拉克(P. A. M. Dirac)、朗之万(Paul langevin)都在清华讲过学,使同学接触到世界上第一线的问题和观点。在这样环境中成长着我国新一代的物理学者,如王竹溪、彭桓武、张宗燧、葛庭燧、王大珩、钱三强、何泽慧、郁中正(于光远)、傅承义、赵九章、陈芳允、李整武、余瑞璜等都是之后的学部委员。还有林家翘、戴振铎等是美国科学院院士。那时的清华物理系可以说盛极一时。我就是在这样的环境下得到了锻炼。

物理系那时课程不多,但都是精选的重点课,四年中一共只学了大学普通物理、理论力学、热学热力学、电磁学、光学和声学、电动力学、量子力学、统计力学、近代物理、原子物理、相对论、无线电学等十二门课,每学期都只有一两门主干物理学课,每课讲得不多,但要求自学的材料很多,像赵忠尧教授的电磁学,一学期四十五学时讲课,讲了一本阿达姆著的《电磁学》,还要求我们自学了路易斯编的工学院直流电机和交流电流两本教材。各位老师讲课都很精彩,不少人并不按教材讲,而按逻辑和发展历史讲,一般都能启发我们思考问题,争论问题,使科学的精髓深入学生思想,经过自由争辩,都变成同学自己的东西。当时叶企孙教授和吴有训教授都鼓励学生选修机械系和电机系的主干课,叶企孙教授有时还动员学生选修机械系和电机系的中级技术理论课,如材料力学、热机学和工程热力学、机械原理和电工原理等。又如美国信息论教授维纳（N. Wiener）在电机系和欧洲著名空气动力学权威冯·卡门（Th. Von Kármán）教授在航空系短期讲学，我们物理系不少同学都去听讲。我在吴有训教授的指导下，四年中在数学系选修了熊庆来教授的高等分析，杨武之教授（*杨振宁的父亲*）的近世代数，赵访熊教授的复变函数和微分几何，在化学系选修了高崇熙教授的定量分析、定性分析，黄子卿教授的物理化学和萨本栋教授的有机化学四门课，和所有的有关化学实验课。在这四年中，我在数学、物理、化学方面建立了较广宽的基础，而且学到了一整套自学的科学方法并树立了严肃的科学学风，为我一辈子的科研教学工作打下了一个坚实的基础。

在 1935 年毕业时，我与顾汉章同学合作完成了论文《北京大气电的测定》。当时的测定工作是艰巨的，只能用自制的手工操作仪器，每次要连续几天坚持日夜二十四小时的监测。该论文于六月在青岛举行的物理学年会上宣读。这是我国首次自行测定的大气电量数据，也是我从事科学工作的"开篇"。

在这六年里，在体育教授马约翰的指导下，我从身体瘦弱，对运动一无所能，成长为大学多种项目体育代表队的队员。

在一年级时，偶然被同学拉去凑数参加年级越野比赛，这是我生平第一次在体育赛场上亮相。平时既没有训练，当时我只能强忍着百般困苦，拼命奔跑坚持跑到底，得了个中游。马约翰教授竟看中我这份咬牙拼搏的犟劲儿而将我选入大学的越野队。此后，每天下午四点半到六点是锻炼时间，风雨无阻。以后，我又被选入田径队、足球队，又跑又跳，四百米中栏跑五十七秒，万米跑到三十五分左右（当然现在都不算什么）。在田径队我曾和张光世、张龄佳、方纲代表清华参加全国运动会；在越野队我和张光世、孙以玮、罗庆隆、刘庆林被称为五虎将。到毕业时，我的体魄康健，身高达1.65米，这是祖母和母亲都意想不到的。我对体育锻炼的习惯一直持续到四十岁左右，而对体育的爱好则维持得更长，在六十岁时参加教研组的万米赛还跑在前头。缅怀往事，在清华大学体育馆前的大操场上，不论冬夏，马约翰教授总是穿一套白衬衫灯笼裤打着黑领结，神采奕奕，严肃而慈祥地指导着各项活动，他声音宏亮向我们招唤着："Boys for Victory！"这情景已隔半个多世纪，犹宛然如昨蕴藏在我心中。马约翰老师不仅使我得到身体健康和体育竞技的锻炼，更重要的是使我得到耐力、冲刺、夺取胜利的意志的锻炼。这对我一生在工作上能闯过不幸的困苦年代，能承受压力克服种种艰辛而不失争取胜利的信念和斗志，创造了有力的保证条件。

大学毕业（1935年）后，既考取了清华大学的物理研究生，又获得商务印书馆总经理高梦旦先生的研究生奖学金（全国一名），得以继续在清华的优良环境中学习研究，导师是吴有训教授，研究X射线的衍射理论，在第一年中也和化学系黄子卿教授合写了一篇关于溶液论的论文，第二年中在叶企孙教授支持下研究分析了铈的原子光谱学，使我所涉猎的学术领域进一步扩大。一直到"七七"卢沟桥事变，日军占领北京时，我还研究了气体的状态方程，和弹性薄板的弯曲等问题。

在大学四年和研究院二年中,大大提高了我对科学技术的认识,如饥似渴地追求着科学发展的国际轨迹,培养了阅读国际科技文献的爱好,对于数学、物理、化学各方面的新发展都精神奋发地去理解,去搜索。和同学彭桓武、张宗燧、傅承义等经常为一个新问题争辩到半夜两三点钟,这样的条件可惜一辈子中只有六年,这是最不能忘怀的六年。

(原载钱伟长:《八十自述》,海天出版社1998年版。标题为编者所加)

1911—2004

陈省身：我的若干数学生涯

今天很高兴回到清华来，有机会跟大家见面，讲讲话，毛校长刚刚说过我是清华的校友，所以回来等于回到自己的家里。今天讲的题目也是一个非常不正式的题目。所以我就是随便挑几件事跟诸位谈一谈。

岁数大了，无论哪一年，都可以找出一点意义。比方说，今年是 1987 年，五十年前，1937 年我是从法国回到长沙担任清华大学的教授。如果再往回一年，1986 年，五十年前，1936 年，我在汉堡大学得到博士学位。所以岁数大有一个优点，年年都可以找出一点花样（众笑）。

刚才毛校长也讲过，我 1930 年在天津南开大学毕业，刚巧那一年，清华决定成立研究院，所以我就投考了清华的研究院。那时的清华跟你们现在的不一样，规模小得多，人数也少得多了。研究院的学生，学校需要每个月给三十元的津贴。那时候三十元可以够一个学生的费用。研究院录取的一共八个人，所以第一班的研究生，校外录取的八个人，加上清华本校毕业保送进来的若干人，我想顶多只有十几个人。因为数学系只有我一个学生，临时决定研究院缓办一年，所以第一年我是做助教。因为在八名当中，我的英文姓是"C"开头，学号是002（学校第二名的学生）。第一名是我一位学姐，她的姓是张。那时候的学校，在国内是有名的设备比较好的。所谓好者，就是美国式的设备，有图书馆、大礼堂、体育馆。我想那礼堂要比今天所在的地方小得多了，因为清华大学的学生大概有一千多人，一千多人没有法子在礼堂开会。可是因为设备好，清华还是一个大家向往的地方。大家都愿意到清华来读书。当时学生的一个说法，就是"北大有胡适之，清华有体育馆"。

那时候中国数学界的情形是很薄弱的。前几天，我拜访了俞大维先生，他是很少的在国外得到博士学位的一个人，可惜他没有继续在数学方面工作。另外一位是胡明复先生，在哈佛得到博士学位，可惜他回国不久就去世了。我的老师姜立夫先生，也是哈佛大学的博士，在南开大学教书。在清华，从国外得到博士学位、在国内继续做研究的有孙光远先生，他是我的老师，专搞微分几何，我跟他做研究。另一位做研究的是代数学家杨武之教授，他是杨振宁的父亲。他们两位都是芝加哥大学的博士。当时在清华数学系里头继续做研究，指导学生的研究。我应该也提到清华当时的数学系主任熊庆来先生，他是留法的，专门搞分析。熊先生在清华教书之后，后来在休假的时候去巴黎完成他的博士学位，完成学位后继续在分析方面有很好的贡献。清华有他们几位老师，因此有很多好的学生。当时，比方说许宝騄，后来在统计学方面有非常重要的贡献；柯召，他去英国，搞数论，做了很好的工作。当然还有华罗庚，他初中毕业，因为他发表论文，得到系里的注意，清华当时请他做图书馆管理员,所以他就在图书馆里自己念书,到清华不久就发表论文,做有意义的研究的工作,是系里头非常活跃、后来很出名的人。

可以表示当时中国数学界的情形的,譬如说,中国那时候没有一个全国的中国数学会,中国数学会是1935年才成立,因此也没有一个中国出版的或者全国性的数学杂志。不过,从1930年到1937年(1937年卢沟桥事变),在短短不到十年的时间当中,北平跟中国其他的地方科学有很大的进步。在数学方面,除了刚才我所说的几位之外,还有从日本回来的陈建功先生、苏步青先生。他们在浙江大学带领很多学生工作,他们的工作很有成绩。所以当时是在国内做数学研究比较受注意的人。这是在北平时候的清华大学。

后来因为战争的关系,清华大学、北京大学、天津南开大学联合起来,最初在长沙成立长沙临时大学。半年以后,搬到昆明成为西南联合大学。西南联合大学是1938年在昆明开始,一直到抗战结束。因为三个学校有名的老师很多,所以对年轻人有非常大的吸引力,西南联大后来造就很多的人才。在数学方面,比方说有王宪钟,他是跟我搞几何的,后来在美国Cornell大学做教授,不幸的是前几年去世了。还有钟开莱,后来搞几率、统计,他现在是Stanford大学的教授。还有一位是王浩,在数理逻辑方面有很大的成就,据我所知,最近一两天之内要到台湾访问并给演讲。那时候我们在西南联大(1938—1946年),西南联大因为战时,设备不好,环境也不好,但是我们数学的工作还是继续。我稍微谈一谈我们那时候数学方面的一些活动。例如，刚才我所提到的华罗庚先生跟王竹溪先生和我，在 1940 年左右成立 Lie 群的讨论班。后来这 Lie 群的题目，在数学、物理上都有重大的发展。

我自己呢？因为我那时刚从德国和法国回来，在法国跟 Elie Cartan 做研究工作（Elie Cartan 是对我的工作最有影响的一位老师），所以我开了很多课，讲 Elie Cartan 的工作。他的工作包括了微分方程、连续群论、微分几何等方面。在我的课里头，除了有些数学系的学生之外，有好多物理系的学生，其中包括杨振宁。杨振宁那时候上过我好些课，课里头有一部分内容讲联络论（connections），联络论后来发展成为数学上非常重要的观念，是杨-Mills 规范场论（gauge theory）的一个数学基础。可是数学有时候好像是同一个东西，但是当你没有搞清楚的时候，不见得能够认识清楚。我想我们在昆明的时候（1941—1942 年），我在课里一定讲到联络的观念。后来这个东西发展继续成为我的一些数学的工作，杨氏则成为杨-Mills 理论的基础。但是我们并不一定完全认识它们的关系。所以总而言之，这可以说明当时在昆明我们的环境虽然不利，但是学术的生活并不很贫乏。

在清华园当研究生到当教授之间，我在德国和法国留学了三年，两年在德国汉堡。当时的数学与现在的数学有些不同的地方，一个最大的不同就是当时人数少得多。从我老的想法，那时候搞数学比现在空些，因为进步不是这么快。比方说有数学观念要讨论的话就写封信，等他回信还有好几天的工夫慢慢可以整理思想，对问题有更深入的理解。现在数学研究工作者多了，一下子就见面了，有什么事情甚至可以打电话，很快的就互相联系上了。像我这样的岁数，我觉得有点使人发晕。

德国的情形是大学主要工作的人是教授，帮助他工作的有几个助教，然后底下是研究生，这种生活是非常愉快的。这几个人（数学一般讲不到十个人）时常互相讨论，有问题的话，学生可以问老师，老师也许互相再去讨论。这是一个很安静，专门为学问而做学问的生活。德国的学制有很重要的一点，它的中心不集中，哥丁根（Göttingen）固然是一个数学中心，莱比锡（Leipzig）、慕尼黑（München）也是个中心，海德堡（Heidelberg）有很好的教授。所以全国也许有二三十个地方它的教授都是第一流的，而且他们互相调来调去，海德堡的教授有出缺的话，它想法子到柏林、莱比锡去请那边最杰出的人继承这个位置，它是非常流动的组织。我想这个组织使得德国的科学在19世纪末年，甚至20世纪初年在全世界取得很高的地位。它的教授的地位非常之高，待遇非常之好，全国可以流动。

我得了学位以后，1936—1937年在巴黎，巴黎是法国的中心。法国的制度跟德国很不一样，它是集中在巴黎，所以最好的科学家总有一天被请到巴黎来。巴黎当时是法国科学、数学集中的地方，那时期法国的数学在国际上是取领衔的地位，最伟大的法国数学家是 Henri Poincaré（他跟总统 Raymond Poincaré 是堂弟兄），他是20世纪最伟大的数学家之一。为什么他伟大？我想我们大部分人所搞的数学，都发源于 B. Riemann（1826—1866 年）跟 H. Poincaré（1854—1912 年）。为什么我要特别提这两个名字呢？因为至少在我们所搞的数学，称为"核心数学"（core mathematics），他们两位在数学界的地位就是菩萨。所以有一年我跟内人去参观罗汉塔，我就感慨地跟她说："无论数学做得怎么好，顶多是做个罗汉。"菩萨或许大家都知道他的名字，罗汉谁也不知那个是哪个人，所以不要把名看得太重。Riemann 的工作为什么重要呢？因为数学跟其他的科学一样要不断扩充范围，大家重视的工作，都是开创性的工作。对于新的范围，它的现象跟从前的现象不一样的，你能够认出它不一样的地方，你更能够认出基本性质在什么地方。Riemann 就是把普通平面或空间的性质推广到所谓流形的一个更广义的空间。Riemann 有些工作大致讲起来还是一维的，Poincaré 把它推广到 n 维，他们两位大致可以说是建立高维流形上的几何、分析甚至代数性质的创始人。

现在因为科学的进展有很多基本的问题在近几年来都解决了，所以有人就觉得是不是有新的 Riemann 或 Poincaré，他可以把我们带到一个新的数学领域。而在新的领域，他能够看出基本的问题在什么地方，给出指示，让下一代（21 世纪）的数学家知道向哪方面去工作。这方面大家的意见都不一样。我比较偏向是有的。也许你们这年纪之中年轻的人，就是将来的 Riemann 或 Poincaré，这是绝对可能的。

我的老师 Elie Cartan 是做些什么呢？他最主要是对高维的分析

创了最主要的工具，使得 Poincaré 没有做到的方向，引进了基本的概念，把高维流形的性质可以更推进地做下去。比方说，其中包括 Lie 群的理论，Lie 是一位挪威的数学家，他开创了 Lie 群，不过 Elie Cartan 对 Lie 群的贡献不亚于创始人 Lie。所以他对一个很大范围高维流形几何、分析的性质，他做了基本性而方面非常广的贡献。我自己得到的好处就是，能够把他的东西学到一部分而能够继续做这方面的工作。

在我的老师之中，我还要提到当时我在汉堡的老师 W. Blaschke，他是一个很有创见的几何学家。刚刚有个同学问我关于几何的直觉，我想 Blaschke 是对几何直觉有特别灵感的一个人，他是当年在德国最好的一个几何学家。他们都很大方，很有远见。我到汉堡是 1934 年，等到 1936 年完成我的博士论文之后，我还可以在欧洲等一年，我就问 Blaschke 先生，问他有什么意见？我应该走哪个方向？他当时就给我两个建议，他说你也许继续在汉堡学代数，跟 Emil Artin（他是一个很伟大的代数学家）念代数，做代数方面的工作，或者到法国去跟 Elie Cartan。

自然而然的法国的吸引力很大，我就决定去法国。事后看来，我想这是一个很正确的决定，因为 Cartan 的工作当时知道的人不多，我得意的地方就是很早进这方面，熟悉 Cartan 的工作，因此我后来能够应用他的发展方向，继续做一些贡献。

我想在座很多是年纪轻的人，希望知道做学问应该是怎样的方向，我觉得有一点终生得到益处的，就是我不怕去找这方面最好的人。当然你在一个方向里头待了一段时候，你就知道哪几个人是最领袖的人。我想一定值得找最好的，不要满足于找次一点的话，我也可以发展。我想就像赛跑，大家只注意谁跑第一，第二就比第一差得很多。如果你们要做学问的话，一定要想达到最高峰，因此在各种之中，你要是走那个方向的话，就要找最领袖的人，第二比第一差得远了。

后来同样的原因，在西南联大待了几年之后，我感觉到应该到普林斯顿高级研究院（Institute for Advanced Study, Princeton）。这是一个私人研究机关，它最主要的教授当然是爱因斯坦。爱因斯坦因为是犹太人的关系，在希特勒当政的时候被迫离开德国到普林斯顿高级研究院做教授。对于我特别有影响的是 Hermann Weyl。在 Riemann，Poincaré 之后最使我佩服的人就是 Elie Cartan 跟 Hermann Weyl。Hermann Weyl 工作的范围非常广，他是哥丁根大学的教授，继承 Hilbert 的职位，Hilbert 是跟 Poincaré 同等地位的德国数学家，但德国人或许觉得他比 Poincaré 要紧些。另一位跟我接触最多的是 André Weil，André Weil 比我大 5 岁，所以我们是朋友，他是法国很好的一个数学家，他现在还活着，刚过 80 岁，可能是现在生存着的最伟大的数学家。

在普林斯顿两年半的时间，我做了一些工作。后来大家认为这工作是有意义的。后来在 1985 年，两年以前以色列的国会颁给我 Wolf 奖金，给我奖金的引文（citation）是这样的："The profound contributions to global differential geometry which affect all the mathematics."就是当时我所做的工作（我想很多是运气）发现后来这工作不但属于微分几何的工作，更影响到整个的数学（代数、分析……），甚至现在也影响到数学物理（mathematical physics）。这观念非常简单，就是现在所谓的纤维丛（fiber bundle）、矢量丛（vector bundle）。几句话可以说清楚，你们要是念微积分的话，讨论一个函数$y=f(x)$在一个平面里头画直线与y轴平行的话，这曲线与每一条和y轴平行的直线相交于一点。现在发现在数学之中，需要把这个观念推广，规定不是整体的平行，只是局部的平行，这个观念是数学上所谓的矢量丛，在数学上有非常重要的应用。那时我的工作就是要发展这个观念底下的一些基本性质。

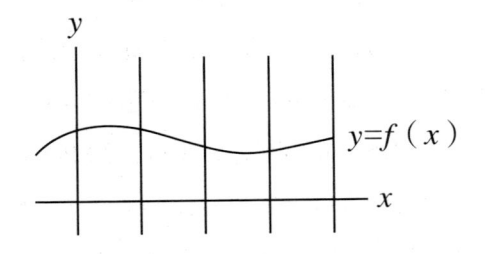

普林斯顿高级研究院是当时全世界数学界一个很特别的研究所，它之所以出名，之所以重要、伟大，就是它集中了数学上最伟大的数学家，我想任何一个研究机关能够成立的话没有第二条路子，就是要有伟大的数学家、科学家，在这方面要成立全世界最好的中心，一定要有最好的科学家，数学也如此。刚巧因为欧洲战争，希特勒赶犹太人，所以普林斯顿研究中心就成为全世界数学的

中心，因为有了这些人之后吸收了许多访问的人，他们后来有许多人变成第一流的数学家。

我后来办了几个数学研究所，大家知道有中央研究院数学研究所，当时我在1946年回国，中央研究院叫我办数学研究所，姜立夫先生是所长。我是1979年退休的，在退休之前向来没有做过什么长或什么主任的。我不是所长，但实际上数学所是我把它创办起来的，因为姜先生不在。非常荒谬的，因为要办一个所的话，当然很多人（尤其在中国）都要介绍人给我参加这个所。我不是所长，我没有兴趣的话，我就告诉他，我替你告诉姜先生，那就没有下文；我要是有兴趣的话，我就继续想法子做下去。

也许大家愿意听一下我在Berkeley办的研究所，叫作Mathematical Sciences Research Institute，这个所成功也有相当的历史了。因为美国的国家科学基金会（National Science Foundation）要成立研究所，想法子能够跟普林斯顿比较。原因是在美国的话总想法子不要使力量太集中，所以有了普林斯顿这样子有成就的研究所，大家就感觉有需要另外再设几个所，分散一点，不要太集中在一个地方。这在整个美国学术方面、政策方面这观念是非常要紧的。要成立这个研究所是由政府来拨款，政府拨款大家都会来抢，为什么决定在Berkeley？为什么交给我做？也可以说是一个笑话。比方说公司里头一个总经理出缺，由董事选总经理，大家都投票，不许投自己，每人就投一个最不可能当选的。实际上就是说我在数学界跟人的关系良好，大家对我很放心。我们是1981年成立的，我做了三年（1981—1984年），美国国家基金会给我们拨款，一共五年，一千万元，每年有二百万美元的预算。最主要我办事的一个原则是少做事，有时候做太多的话，也不见得有效。所以我的原则是刚才说过的，办这研究所最要紧的是把有能力的数学家找在一起，找在一起之后不要管了，就让他们自己去搞去。我想研究（**尤其是纯粹数学的研究**）没法子有计划，现在你要政府拨款或跟机关要经费的话，大家动不动要你有个计划，根据计划里头能够做出来的东西大概不是最有价值的。最好没有计划，不过这没法子跟管钱的人讲得清楚。总而言之，我们有相当的成功，这个所真正1982年才开始，到今年已经有五年了，大家都很觉得成功。当然，和普林斯顿比的话，因为我们是政府的拨款，所以不能够请到长期的最伟大的数学家。我们来的人是很有名的，各地方的人都有，每个人来的话是待比较短的时间，不过有它的作用，就是来得新，负责的人、参加的人年纪轻，所以也比较活动，开会也比较会互相讨论，关系比较多，作风跟普林斯顿不大一样。不过在美国讲起来，有这样另外一个研究所，因为美国现在数学家很多，也达到它的目的。

最后我想讲几句话，我要告诉大家，从我这个经验，现在20世纪末年，数学的活动是非常活跃的，就如我刚才所说，传统的有些困难问题一个一个解决了，所以我们现在到了一个时期，要想法子引进新的问题，使得新的问题的解决引到数学新的方面，得到新的了解。当然计算机的发展对数学有很大的影响，原因是计算机是一个离散的数学，离散数学因此受大家的注意。所以种种的原因，使我感觉到数学是一个现在非常活跃的学问。我想这个数学的方向对于中国人非常合适。因为现在美国（这几天报纸已经引用我的话，我再重复一下子）中学生考会考，华裔学生的成绩是要比美国的学生高得多，据统计数字，平均分数高 30%，现在在美国最好的大学的研究院，如哈佛、普林斯顿、Berkeley，往往大部分最好的学生是中国学生。中国人在数学上能力是没有问题的。这个学问有它的好处，就是不需要设备，完全可以靠个人的努力，所以假使在一个还没有很发展的环境之下，要去研究数学比较容易进去。比方说，在 Berkeley，一、两年以前，研究院有一个研究生的考试，是一个笔试，有一位学生，老师给他的分数给低了，所以他去跟他的老师讲，老师承认他看错了，把他分数改了，改了之后，他考了第一，原来第一的人就变成第二。不管怎么样，第一、第二两位，一位是中国大陆的，一位是台湾的，都是中国人。因此中国学生至少在美国，在欧洲也如此，在研究院的成绩非常之好。所以我非常有信心，中国的数学家在 21 世纪一定要取得重要的地位。

（本文系《数学传播》编辑部根据陈省身教授 1987 年 4 月 22 日在台湾"清华大学"的演讲记录整理而成。

原载《数学传播》第 11 卷第 2 期，1987 年）

临大合

第六篇 中国文化与科学

中国传统文化与古代科学四讲

1937—1946

钱穆：中国文化与科学

一

今天谈此问题，首先必会有一问题浮现于诸位之脑际，即中国文化中何以不产生科学？此有两事当先承认。

（一）中国人并非没有科学智慧，抑且中国人在科学界亦有卓越成就，决不逊于其他民族。

（二）中国文化亦非反科学，有使科学决不能在中国文化里生长之内涵性质。其次又当知，西方现代科学，亦自最近三四百年来始产生。叙述西方科学史，固可远涉及希腊及远古，但现代科学之正式产生，却是崭新的一事件。因此，现代科学之开始产生于西欧，此乃一种历史机运，并不当涉及文化本质问题。至于西方科学传入中国，亦已经三百年之长时期，而科学在中国，仍不生根，仍不能急起直追，突飞猛进，此亦属于历史机运，当从中国近代史求解答。

二

其次尚有第二问题，即西方现代科学传入中国，在中国获得其理想发展之后，是否与中国传统文化有冲突？此一问题，当从两方面讨论：

（一）就物质方面言

近人常说：西方是物质文明，东方是精神文明。此一分辨，实不恰当。当知科学便是一种精神事件，我们决不当从纯物质方面的观点来看科学。而且精神与物质，亦难严格分开。有物质便寓有精神，而且精神亦必在物质上表现。中国传统一向亦并不忽视物质生活，中国古人常以"衣冠文物"夸示其文化之优异，可见中国人一向亦以物质进展来代表文化之进展。《易经》言"开物成务"，自伏羲、神农、黄帝以下，凡中国古人所称为"圣人"者，皆以其能"开物成务"之故。《左传》言"正德、利用、厚生"，求厚生必先知利用物质。求能利用物质，必先懂得正德。"正德"一语含有两义，《中庸》"尽人之性"、"尽物之性"，皆正德也。《大学》言格物致知，朱子以穷理说格物，谓"凡天下之物，莫不有理，即其已知之理而益穷之以求至乎其极"，此为格物。《中庸》言"尽物之性"即格物穷理，格物穷理即是正物德、尽物性。但专穷物理、尽物性而人德不正，人性未尽，仍难言利用。故必二者兼尽，尽人之性，又能尽物之性，乃始可以赞天地之化育，与天地参。这即是"人工"与"天德"之合一。由于上引诸语，可见中国古人决不曾对物质方面予以轻视，最多只能说中国古人本有此一番极大理想，而后来未能切实到达之而已。

亦有人说，中国是一个农村社会，向以农业经济为主；新科学发展，新的工商业兴起，势必对中国传统社会发生甚大影响。此属当然之事，毋宁亦可谓是中国人本所希望与理想。但中国历史上之经济发展，实际亦决非偏重农业。工商业在中国历史上，远从春秋战国以下，早有高度发展，而且绵延继续，从未中断，并有逐步升进之势。即就城市言，西方近代城市之兴起，乃西方历史上一大事件。因于城市兴起，而有工商业中产阶级兴起，近代西洋史从此转机，现代科学亦由此新机运中产出。但中国城市，远从春秋战国直迄现代，往往一城市绵亘逾二千年以上，其繁荣情形亦始终不衰。所与西方城市不同者，中国城市除为工商业中心外，同时又为一政治中心，各各隶属于中央。故在中国历史上，要举出纯与西方中古时期相同之情形，实不可得。此后因于新科学之利用，新的工商业兴起，只是给社会增加繁荣；若谓将对传统社会有激剧冲突、激剧变动，似近杞忧，未符情实。

因此，此一问题，应变为下二问题：第一，如何依照中国传统文化，在科学发达，新的工商骤兴之下，来调整中国社会。第二，中国社会应如何调整，始可使新科学有突飞猛进，新的工商业有发皇畅遂之新机运。此问题主要属政治，亦可说仍是一历史机运问题，非文化本质问题。最主要为道德精神。

（二）就精神方面言

中国人一向重视现实与应用，亦可说重视事实与证验。此一点，亦即是中国文化精神。因此在中国文化体系中，不仅宗教不发达，即哲学亦不发达。中国人一向所重，乃在道德与教育。教育之重心则仍是道德。故我常说中国文化精神之最主要者即为道德精神。道德非宗教，非哲学，亦非法律命令。道德乃是一种人类之躬行实践，经历长时期经验，获得多数之人共同证认而成立。故道德不离躬行实践，不能由纯理智之推衍而创生。《论语》说："人能弘道，非道弘人。"此犹言道德乃由人生实践产生，亦由人生实践发展；离了人生实践，道德便不存在。《中庸》说："言顾行，行顾言，君子何不慥慥尔。"中国人一向所理想之君子，必是言行相顾，相引而益长。中国人不喜凭空建立一套哲学，或凭空发挥一番理论。中国人认为离开了人生实践，即无理可得。真理产出于人生实践中，并不先由信仰或纯理智之推衍，先认识了此真理，再回头来指导人生，那即是"由道弘人"了。中国人只是实事求是，在躬行实践中求体悟有得，此是中国文化精神。即如《论语》开始第一章："学而时习之，不亦说乎。"此一语，正从孔子个人躬行实践中体悟得来，并不是孔子纯从理智之推衍而窥见了此真理。因此，只此一语，便可独立存在。此一语，并不需要在某种思想体系之逻辑中而始能成立。孔子此语，只是一番人生经验。后人亦只有各凭自己经验，来体悟此"学而时习之"一事确是可悦，便够了。若专从宗教信仰，或哲学推衍，即无法体悟得此语。我们正当用此方法来读《论语》。《论语》好像只是几许格言，分散不成条贯。但我们若把《论语》全书融会贯通，自见孔子思想也自有一体系。只是孔子此一番思想体系，主要建基在孔子之人生实践上。孔子亦是言顾行，行顾言，必待行有证验，而后言始成立。由此推之，中国其他思想家，实都与孔子无甚大区别。因此在中国思想史上，乃不能有如西方哲学般之发展。

其次，中国思想极重天人合一。因人类处于大自然之中，人类一切行动事为，不能不顾及大自然，亦不能不与大自然期求一和会合一之道。此即中国人之所谓"天人合一"。但中国人之所谓"天"，每主即于人以见天，即于人之身与即于人之心而见天。因人自天来，故天即在人身上表现。除人外，尚有物。物亦自天来，故中国人又主即于物见天。因万物莫非由天来，故天亦即在物上见。如此说来，除却人与物，是否更另有天之存在呢？孟子说："莫之为而为者谓之天。"此语最道出了中国人心中"天"字之真体段与真意义。中国人心中之天，乃是一最高不可知境界，而实隐隐作为此一切现实可知界之最后主宰。换言之，一切现实界种种事象，或由人道起，或由物理生，此皆可知；而除此以外，尚有不为人类知识所能知者，中国人乃谓此为"天意"或"天命"。而在西方之宗教与哲学，则或由信仰，或由纯理智之推衍，而确言天为如何如何之存在。此乃双方一绝大不同点。

上面所讲，中国思想上之两项主要态度，即"主实验"与"确认不可知"，却与西方现代科学精神甚接近。科学知识，正亦重视实事求是，重视证验有据。科学知识亦为可以分割而各别存在。科学知识正贵逐步证验，逐步推进。科学知识正贵从一些可证可验各别独立存在之逐项知识中来再求会通。科学知识亦不是由信仰或纯理智推衍而先完成一大体系。科学体系乃由逐步证验而逐步推扩改进。因此科学知识必有一限度。在目前科学知识之最高限度外，仍有一不可知境界，此正与中国人思想中之所谓"天"相近。因此我敢说，中国人之思想态度及其道德精神，实与西方现代科学精神较接近，实更近于西方宗教、哲学之与其现代科学之距离。由此言之，又安得谓中国传统文化精神乃与西方现代科学精神相冲突而不能并存乎？

三

如上所讲，窃谓科学任务应可分为三方面：

（一）格天。

（二）格物。

（三）格心。

西方现代科学，于"格物"方面成绩卓著，但在"格心"方面，则似尚有缺。西方现代心理学，乃属自然科学中一分支，乃从物理生理方面来探求心理，其间终是隔了一膜。最近西方心理学亦在逐步推进中，但仍不能脱离其原始规模。最多亦只是着眼在每一人之个体身上，常把人离开了人圈子，离开了日常群体生活，而为之特别安排一环境，而来探求其现实。其实人心之灵，非投入人圈子，使其处于现实的群体生活中，则不易见。中国文化传统，于此方面，能直接注意到实际的活的人心，其成就似较西方现代心理学远为超越。中国人自有一套心理学，乃在现实的日常群体生活中，经历潜深的自我修养，即实地用证验功夫体悟而得。其另一途，则从旷观历史以往情实，与社会人群种种繁变，而会通得之者。此两途会并合一，而成为中国人所特有的一种"心性之学"。此种心性之学，固亦重于反省，但非"反省"二字所能尽。固亦存有主观，但亦不能以"主观"二字为诟病。中国的此种心性之学，仍是注重在躬行实践与历久观察；此与西方唯心哲学家之以纯理智之推衍来言心者甚不同，亦不当目之为是一种神秘主义。中国传统文化，关于人伦道德、政治社会一切理想与措施，乃悉以其所认识之心性之学作基础。亦可谓中国之文化精神与道德精神即以其心性之学为中心。而此种心性之学，则实具有现代之科学精神者。

我们亦得谓西方现代科学，其胜场属于自然界，其建基在数学。中国传统文化，依照上面所讲，亦当目之为是一种科学，至少乃甚接近于科学，其胜场则属人文界，其建基则在"心学"。近代西方学者，亦主张自然科学之外，应有社会科学即人文科学，谓人文科学之基础，应建基于历史知识。史学在中国，亦有极长时期之发展，正为中国人一向所重视，其成绩乃非其他民族可比。然究极言之，史学只是已往人事之纪录与解释，虽可以鉴往知来，在人文科学中应占一重要地位；然究不比心学在人事上更直接、更主动、更积极，更把握到一切人事之主要动机及其终极向往。中国心性之学，正所谓"明体达用"，其受重视，尚远在史学之上。然我们亦不妨说，心学、史学，乃为中国传统学术中两大主干。中国文化在此方面确有大贡献，而格物之学则终较西方现代科学之所得为浅。故西方现代科学传入中国，正于中国传统文化有相得益彰之妙，而并有水乳交融之趣。格物之学与格心之学相会通，现代科学精神与中国传统道德精神相会通，正是中国学术界此下应努力向往之一境，亦是求中国文化进展所必应有之一种努力也。此种努力，不仅可使中国文化益臻美满，并可为人类新文化创辟一大道，对人类和平幸福可有大贡献。

再次言"格天"之学。此项学问，应由格心、格物之学两面凑合而逼近之。西方现代科学，本由天文学开始，而转入物理学。现在格物愈深微，西方科学已进入太空时代，又将转回到天文学上有新发展。似乎格天之学，乃偏近于自然科学；而西方成绩，亦远超乎中国之上。但若就我上面所讲，人类知识总有一限度。依中国人观念，就其不可知者而归之天。则西方格天之学，其效用只在把天之不可知之范围要求缩小；范围愈缩小，则天人之分际愈分明。此乃属消极反面者。而中国人向来格心之学，因于认为心亦是天，故格心愈深，则对于天之认识亦将随而益深。同时，照中国人意见，物亦是天，则格物愈深，亦即对天之认识益深。此乃属积极正面者。如是两方面逼进，格天之学自会更有新境界发现。故格天之学，必有赖于格物与格心；而格心之学，则有赖于治史。而此天与物与心与史四者之融凝合一之一极大理想，则只在中国思想中早有存在。故西方现代科学，实乃对中国传统理想有充实恢宏之作用。而西方现代科学之传入中国，专就精神方面言，必具如此认识，乃可以别开生面，更有进展也。

四

其次有一问题连带而来,即关于科学家之人文修养之一问题。科学家亦终是一个人,而且人的含义,并非"科学家"三字之含义所能尽。因此每一科学家,决不能忽略了他的人文修养。西方科学家,同时亦需在西方社会做一人,则同时不能不有西方社会中之一套人文修养。所以西方一科学家,往往同时亦信仰宗教。此项事实,看似冲突,而实不冲突。因西方人在人文修养之立场上,不能不信宗教。信宗教之外,尚有一项,厥为奉法律。信宗教、奉法律,乃是西方社会人文修养之两大项目。而在中国传统文化中,既不重视宗教,亦不重视法律;因此信教与守法,并不能即成为中国社会中一理想之完人。中国传统文化,既是一向偏重心性之学之修养与实践,因此中国社会,最重人格修养,以达到一种人格完成之理想境界。若使将来中国之新科学家,对于中国传统之人文修养有缺陷,不能到达此种境界,则将使中国社会专以功利与实用之见解来重视科学,此实有失科学之精神。而科学之在中国,将终不得其满意之发展。故将来中国之新科学家,应如何重视人文修养,如何同时到达完成一中国传统文化中所理想之人格标准,此事十分重要,应加倍注意。

唯我敢深信,中国传统文化中之道德修养,其精神决不与西方现代科学之探讨精神相违背。故一位理想的现代科学家,同时极易成为一位中国传统文化中所理想之道德完人。而实唯科学与道德之二途会一,始可为将来人类创造新文化。近人多主于科学知识之上，再加以哲学之综合。但哲学乃一种纯理智之推衍，其成绩仅在理论方面，与实际人生实际尚隔一层。因此一哲学家同时不必是一道德完人，而一切哲学亦并不即能成为人类之道德。复有多人主张，以宗教补救科学之偏陷。但宗教与科学间，一时尚难融和。只有道德可与科学相成相足。当知宗教虽亦重视道德，而宗教主要在信仰，信仰究与道德有不同。科学可以国际化，道德亦可以国际化，而宗教信仰之互不相容，却成为人类当前一大问题。宗教不能统一，同样有一上帝，或信耶稣，或信穆罕默德，西方宗教上耶、回之分，至今不能会合相通。即同信一耶稣，或属新教，或属旧教，亦至今不能会合相通。岂唯不能会合相通，宗教流血之惨剧，岂不赫然在人耳目，如前日事？而所以解其结者曰信教自由，信教自由乃属道德范围。如纯由信仰立场言，在一个虔信者之心中，自不愿有异端存在。但在道德立场言，道德建基在人心，人与人对面相杀，终非人心之所安。于是只有信教自由之一道，此一道乃为异信仰之双方所同能接受，是即道德可以解决宗教信仰问题之一个最具体之好例，其在人类历史中，亦已有已往可证验之成绩。

人类道德，不能建基于宗教。若一本宗教信仰，则异信仰者必有互不相容忍之苦痛。人类道德，亦不能建基于哲学，因哲学思想正贵有百家争鸣，而人类道德则必求普遍共认。故人类道德，必建基于人类之心性。任何各民族、各社会，决不能没有道德，但多不著不察。而心性之学，则只有中国，乃达于甚深微妙之境界。在古代，如孔孟与庄老；在中世，如佛法传入后之台、贤、禅三宗；在宋明，如程朱、陆王。此皆于心性之学，有甚深窥见，有甚高造诣。纵其相互间，亦有出入异同，然要言之，总不出两途：一是历史与人群事变之旷观玄览，一是一己内心之潜修默悟。观于外，可以证于内。悟于己，可以推于人。中国的心性之学，则确然有其科学基础，乃及历史证验者。

今试再拈一节论之。孔子有言："知之为知之，不知为不知，是知也。"故人类知识最正当与最可贵之处，正在其同时知有所不知。知与不知之谨严分别，此亦科学精神之主要一项目，而同时为中国传统道德之所重。孙中山先生提倡"知难行易"之学说，"行易"鼓励人实践，"知难"则警戒人谨严保留此一知与不知之分寸与界线。最近中国社会，因于太重视科学之故，遂致凡属己所不知，或所欲排斥者，即一切讥之谓"不科学"；乃至对中国人向所重视之传统道德与心性之学，亦斥之谓"不科学"。不知此"不科学"一语之本身，却真是不科学。凡属现实，则皆应在科学探讨之列。凡所不知，则仅属我之所不知，却不能因我之不知，而遂谓其无可探讨，与不值得探讨。科学精神，决不如是。

故真属一个有人文修养之科学家，唯当专一精心探讨其所不知，却不应鄙夷其所不知，而以不科学斥之。然人类所不知者，实远超过于人类之所知。而科学家之探讨求知，必贵于专一。如是则天地之大，万物之繁，科学之分门别类，愈入愈深，愈分愈细，乃至科学部门之间，亦成为互不相知。而综合一切科学所知，仍远小于其所不知之范围。如是则科学知识将成为支离破碎，各有门户，各有壁垒。其有利于人生者，势将连带引生出有害。因此科学家首先当谨守"知之为知之，不知为不知"之明训，同时则于其科学范围之专门探讨之外，必具一番人文修养。而人文修养则必可相通共认。如是，始可于同一文化中有相悦而解之乐，亦可于各自探求中，有百川汇海之效。

鄙人于科学乃一门外汉。此番演讲，亦恐多有不知以为知之嫌。其用意亦仅在提出此问题，以供关心此问题者之深入研讨。有疏谬处，则唯请诸位之原谅。

1958年2月台北理工青年学术讲演
（原载钱穆:《世界局势与中国文化》，
九州出版社2011年版）

1891—1962

胡适：中国哲学里的科学精神与方法（节选）

我这篇论文剩下的部分要给中国思想史上的一个大运动做一个简单的解说性的报告。这个运动开头的时候有一个："即物而穷其理"，"以求至乎其极"（朱熹《大学补传》）的大口号，然而结果只是改进了一种历史的考证方法，因此开了一个经学复兴的新时代。

这个大运动有人叫作新儒家（Neo-Confucian）运动，因为这是一个有意要恢复佛教进来以前的中国思想和文化的运动，是一个要直接回到孔子和他那一派的人本主义，要把中古中国的那种大大印度化的，因此是非中国的思想和文化推翻革除的运动。这个运动在根本上是一个儒家的运动，然而我们应当知道那些新儒家的哲人又很老实地采取了一种自然主义的宇宙观，至少一部分正是道家传下来的，新儒家的哲人大概正好认为这种宇宙观胜过汉朝（公元前206—220年）以来的那种神学的、目的论的"儒家"宇宙观。所以这又是老子和哲学上的道家的自然主义与孔子的人本主义合起来反抗中古中国那些被认为是非中国的、出世的宗教的一个实例。

这个新儒家运动需要一套新的方法，一套新工具（novum

organum），于是在孔子以后出来的一篇大约一千七百字的《大学》里找到了一套方法。新儒家的开创者们从这篇小文章里找着了一句"致知在格物"。程氏兄弟（程颢，1032—1085年；程颐，1033—1107年）的哲学，尤其是那伟大的朱熹（1130—1200年）所发扬组织起来的哲学，都把这句话当作一条主旨。这个穷理的意思说得再进一步，就是"即凡天下之物，莫不因其已知之理而益穷之"（朱熹《大学补传》）。

什么是"物"呢？照程朱一派的说法，"物"的范围与"自然"一般广大，从"一草一木"到"天地之高厚"（《二程语录》，卷十一，丛书集成本，第143页）都包括在内。但是这样的"物"的研究是那些哲人做不到的，他们只是讲实物讲政治的人，只是思想家和教人的人。他们的大兴趣在人类的道德和政治的问题，不在探求一草一木的"理"或定律。所以程颐自己先把"物"的范围缩到二项：研究经书，论古今人物，研究应接事务的道理。所以他说，"近取诸身"（同上书，第118页）。朱子在宋儒中地位最高，是最善于解说，也最努力解说那个"即物而穷其理"的哲学的人，一生的精力都用在研究和发挥儒家的经典。他的《四书集注》（"四书"，新儒家的《新约》），还有《诗经》和《易经》的注，做了七百年的标准教本。"即物而穷其理"的哲学归结是单为用在范围有限的经学上了。

朱子真正是受了孔子的"苏格拉底传统"的影响，所以立下了一套关于研究探索的精神、方法、步骤的原则。他说，"大抵义理须是且虚心随他本文正意看","只虚此心,将古人语言放前面,看他意思倒杀向何处去"。怎样才是虚心呢?他又说:"须是退步看。""愈向前愈看得不分晓,不若退步却看得审。大概病在执着,不肯放下。正如听讼,心先有主张乙底的意思,便只见甲的不是,先有主张甲的意思,便只见乙的不是。不若姑置甲乙之说,徐徐观之,方能辨其曲直。横渠(张载,1020—1077年)云:'濯去旧见,以来新意。'此说甚当。若不濯去旧见,何处得新意来?"(《朱子语类》卷十一,正中书局影印明成化复刊宋本,第344—345、354页。)

11世纪的新儒家常说到怀疑在思想上的重要。张横渠说:"有可疑而不疑者,不曾学。学则须疑。"(《张横渠集》卷八,丛书集成本,第130页。)朱子有校勘、训诂工作的丰富经验,所以能从"疑"的观念推演出一种更实用更有建设性的方法论。他懂得怀疑是不会自己生出来的,是要有了一种困惑疑难的情境才会发生的。他说:"某向时与朋友说读书,也教他去思索,求所疑,近方见得只是且恁地虚心,就上面熟读,久之自有所得亦自有疑处。盖熟读后,自有窒碍不通处,是自然有疑,方好较量。""读书无疑者须教有疑,有疑者却要无疑。到这里方是长进。"(《朱子语类》卷十一,第355—356页)

到了一种情境,有几个发生互相冲突的说法同时要人相信,要人接受,也会发生疑惑。朱子说他读《论语》曾遇到"一样事被诸先生说成数样",他所以"便着疑"。怎样解决疑惑呢?他说:"只有虚心。""看得一件是,未可便以为是,且顿放一所,又穷他语,相次看得，多相比并，自然透得。"（同上书，卷十一，第355页）陆象山（1139—1193年）是朱子的朋友，也是他的哲学上的对手。朱子在给象山的一封信里又用法官审案的例说："（如）治狱者当公其心，……不可先以己意之向背为主，然后可以审听两造之辞，旁求参伍之验，而终得其曲直之当耳。"（《朱文公文集》卷三十六，《答陆子静》第六书）

朱子所说的话归结起来是这样一套解决怀疑的方法：第一步是提出一个假设的解决方法，然后寻求更多的实例或证据来作比较，来检验这个假设——这原是一个"未可便以为是"的假设，朱子有时叫作"权立疑义"（同上书，卷四十四，《答江德功》第六书）。总而言之，怀疑和解除怀疑的方法只是假设和求证。

朱子对他的弟子们说："诸公所以读书无长进，缘不会疑。某虽看至没紧要的事物，亦须致疑。才疑，便须理会得彻头。"（《朱子语类》卷一二一，第1745页）

正因为内心有解决疑惑的要求，所以朱子常说到他自己从少年时代起一向喜欢做依靠证据的研究工作（考证）。他是人类史上一个有第一等聪明的人，然而他还是从不放下勤苦的工作和耐心的研究。

他的大成就有两个方向：第一，他常常对人讲论怀疑在思想和研究上的重要——这怀疑只是"权立疑义"，不是一个目的，而是一个要克服的疑难境地，一个要解决的恼人问题，一个要好好对付的挑战。第二，他有勇气把这个怀疑和解除怀疑的方法应用到儒家的重要经典上,因此开了一个经学的新时代,这个新经学要到他死后几百年才达到极盛的地步。

他没有写一部《尚书》的注解,但他对《尚书》的研究却有划时代的贡献,因为他有大勇气怀疑《尚书》里所谓"古文"二十五篇的真伪。这二十五篇本来分明是汉朝的经学家没有见到的,大概公元 4 世纪才出来,到了 7 世纪才成为《尚书》的整体的一部分。汉朝博士正式承认的二十八篇(实在是 29 篇)原是公元前 2 世纪一个年老的伏生(他亲身经历公元前 213 年的焚书)口传下来,写成了当时的"今文"。

朱子一开始提出来的就是一个大疑问:"孔壁所出《尚书》……皆平易,伏生所传者难读。如何伏生偏记得难的,至于易的全记不得?此不可晓。"(同上书,卷七十八,第 3202 页)

《朱子语类》记载他对每一个问《尚书》的学生都说到这个疑问。"凡易读者皆古文,……却是伏生记得者难读。"(同上书,第 3203 页)朱子并没有公然说古文经是后来人伪造的,他只是要他的弟子们注意这个难解的文字上的差别。他也曾提出一种很温和的解释,说那些篇难读的大概代表实际上告戒百姓的说话,那些篇容易读的是史官修改过的,甚至于重写过的文字。

这样一个温和的说法自然不能消除疑问;那个疑问一提出来就要存在下去,要在以后几百年里消耗经学家的精神。

一百年之后,元朝(1271—1368 年)的吴澄接受了朱子的挑战,寻得了一个合理的结论,认为那些篇所谓"古文"不是真正的

《尚书》的一部分，而是很晚出的伪书。因此吴澄作《书纂言》，只承认二十八篇"今文"，不承认二十五篇"古文"。

到了16世纪，又有一位学者梅鷟，也来研究这个问题。他在1543年出了一部书，证明《尚书》的"古文"部分是4世纪的一个作者假造的，那个作者分明是从若干种提到那些篇"佚"书的篇名的古书里找到许多文字，用作造假的根据。梅鷟费了力气查出伪《尚书》的一些要紧文字的来源。

然而还要等到17世纪又出来一个更大的学者阎若璩（1636—1704年），才能够给朱子在12世纪提出的关于《古文尚书》的疑惑定案。阎若璩花了三十多年工夫写成一部大著作《尚书古文疏证》，他凭着过人的记忆力和广博的书本知识，几乎找到《古文尚书》每一句的来源，并且指出了作伪书的人如何错引了原文或误解了原文的意义，才断定这些篇是有心伪造的。总算起来，阎若璩为证明这件作伪，举了一百多条证据。他的见解虽然大受当时的保守派学者的攻击，我们现在总已承认阎若璩定了一个铁案，是可以使人心服了。我们总已承认：在一部儒家重要经典里，有差不多半部，也曾被当作神圣的文字有一千年之久，竟不能不被判定是后人假造的了。

而这件可算得重大的知识上的革命不能不说是我们的哲人朱子的功绩，因为他在12世纪已表示了一种大胆的怀疑，提出了一个很有意思的，只是他自己的功夫还不够解答的问题。

朱子对《易经》的意见更要大胆，大胆到在过去七百年里没有人敢接受，没有人能继续推求。

他出了一部《周易本文》，又有一本小书《易本义启蒙》。他还留下不少关于《易经》的书信和谈话记录（同上书，卷六十六—六十七）。

他的最大胆的论旨是说《易经》虽然向来被看作一部深奥的哲理圣典，其实原来只是卜筮用的本子，而且只有把《易经》当作一部卜筮的书，一部"只是为卜筮"（同上书，卷六十六，第2636、2642、2650页）的书，才能懂得这部书。"八卦之画本为占筮，……文王重卦作繇辞，周公作爻辞，亦只是为占筮。""如说田猎、祭祀、侵伐、疾病，皆是古人有此事去卜筮，故爻中出此。""圣人要说理，……何不别作一书，何故要假卜筮来说？""若作卜筮看，极是分明。"（同上书，卷六十六，第2636、2638、2640、2647、2658页）

这种合乎常识的见解在当时是从来没有人说过的见解。然而他的一个朋友表示反对，说这话"太略"。朱子答说："譬之此烛笼，添得一条骨子，则障了一路明。若能尽去其障，使之体统光明，岂不更好？"（同上书，卷六十七，第2693页）

这是一个真正有革命性的说法，也正可以说明朱子一句深刻的话："道理好处又却多在平易处"（同上书，卷十一，第351页）。然而朱子知道他的《易》只是卜筮之书的见解对他那个时代说来是太急进了。所以他很伤心地说："此说难向人道，人不肯信。向来诸公力求与某辨，某煞费力气与他分析。而今思之，只好不说，只

做放那里，信也得，不信也得，无许多力气分疏。"（同上书，卷六十六，第2639—2640页）

朱子的《诗集传》（1177年）在他身后做了几百年的标准读本，这部注解也是他可以自傲的。他这件工作有两个特色足以开辟后来的研究道路。一个特色是他大胆抛弃了所谓《诗序》所代表的传统解释，而认定《雅》、《颂》和《国风》都得用虚心和独立的判断去读。另一个特色是他发现了韵脚的"古音"；后世更精确的全部古音研究，科学的中国音韵的前身，至少间接是他那个发现引出来的。

作《通志》的郑樵（1104—1162年）是与朱子同时的人，但是年长的一辈，出了一部小书《诗辨妄》，极力攻击《诗序》，认为那只是一些不懂文学，不懂得欣赏诗的村野妄人的解释。郑樵的激烈论调先也使我们的哲人朱子感到震动，但他终于承认："后来仔细看一两篇，因质之《史记》、《国语》，然后知《诗序》之果不足信。"（同上书，卷八十，第3357页）

我再举相冲突的观念引起疑惑的一个好例，也是肯虚心的人能容受新观念，能靠证据解决疑惑的好例。朱子谈到他曾劝说他的一个一辈子的朋友吕祖谦（1137—1181年），又是哲学上的同道，不要信《诗序》，但劝说不动。他告诉祖谦，只有很少几篇《诗序》确有《左传》的材料足以作证，大多数《诗序》都没有凭证。"渠却云：'安得许多文字证据？'某云：'无证而可疑者，只当阙之，不可据序作证。'渠又云：'只此序便是证。'某因云：'今人不以诗

说诗,却以序解诗。'"(同上书,第 3360 页)

朱子虽然有胆量去推翻《诗序》的权威,要虚心看每一篇诗来求解诗的意义,但是他自己的新注解,他启发后人在同一条路上向前走动的努力,却还没有圆满的成绩。传统的分量对朱子本人,对他以后的人,还太沉重了。然而近代的全不受成见左右的学者用了新的工具,抱着完全自由的精神,来做《诗经》的研究,绝不会忘记郑樵和朱熹的大胆而有创造性的怀疑。

朱子的《诗经》研究的第二个特色,就是叶韵的古音方面的发现,他在这一方面得了他同时的学者吴棫(死在 1153 年或 1154 年)的启发和帮助。吴棫是中国音韵学一位真正开山的人,首先用归纳的方法比较《诗经》三百篇押韵的每一句,又比较其他上古和中古押韵的诗歌。他的著作不多,有《诗补音》《楚辞释音》《韵补》。只有最后一种翻刻本传下来。

《诗经》有许多韵脚按"今"音读不押韵,但在古代是自然押韵的,所以应当照"古音"读:这的确是吴棫首先发现的。他细心把三百多篇诗的韵脚都排列起来,参考上古和中古的字典韵书推出这些韵脚的古音。他的朋友徐蒇,也是他的远亲,替他的书作序,把他耐心搜集大批实例,比较这些实例的方法说得很清楚:"如服之为房六切,其见于《诗》者凡十有六,皆当为蒲北切(bek,高本汉读 b'iuk),而无与房六叶者。友之为云十九切,其见于《诗》者凡十有一,皆当作羽轨切,而无与云九叶者。"

这种严格的方法深深打动了朱子,所以他作《诗集传》,决意完全采用吴棫的"古音"系统。然而他大概是为了避免不必要的争论,所以不说"古音",只说"叶韵"——也就是说,某一个字应当从某音读,是为了与另一读音显然没有变化的韵脚相叶。

但是他对弟子们谈话,明白承认他的叶韵大部分都依吴棫,只有少数的例有添减;又说叶韵也是古代诗人的自然读音,因为"古人作诗皆押韵,与今人歌曲一般"(同上书,卷八十,第3366页)。这也就是说,叶韵正是古音。

有人问吴棫的叶韵可有什么根据,朱子答说:"他皆有据,泉州有其书。每一字多者引十余证,少者亦两三证。他说元初更多,后删去(为省抄写刻印的工费),姑存此耳。"(同上书,卷八十,第3365页)朱子的叶韵也有同吴棫不同的地方,他在《语头》和《楚辞集注》(同上书,第3363—3367页;又《楚辞集注》卷三,《天问》"能流厥严"句注)里都举了些证人比较。

但是因为朱子的《诗集传》全用"叶韵"这个名词,全没有提到"古音",又因为吴棫的书有的早已失传,也有的不容易得,所以16世纪初已有一种讨论,严厉批评朱子不应当用"叶韵"这个词。1580年,有一位大学者,也是哲学家,焦竑(1540—1620年),在他的《焦氏笔乘》里提出了一个理论的简单说明[大概是他的朋友陈第(1541—1617年)的理论],以为古诗歌里的韵脚凡是不合近世韵的本来都是自然韵脚,但是读音经历长时间有了变化。他举了不少例来证明那些字照古人歌唱时的读音是完全押韵的。

焦竑的朋友陈第做了许多年耐心的研究,出了一套书,讨论好几种古代有韵的诗歌集里几百个押韵的字的古音。这套书的第一种《毛诗古音考》,是 1616 年出的,有焦竑的序。

陈第在《自序》里提出他的主要论旨:《诗经》里的韵脚照本音读是全自然押韵的,只是读音的自然变化使有些韵脚似乎全不押韵了。朱子所说的"叶韵",陈第认为大半都是古音或本音。

他说:"于是稍为考据,列本证旁证二条。本证者诗自相证也。旁证者采之他书也。"

为了说明"服"字一律依本来的古音押韵,他举了十四条本证,十条旁证,共二十四条。他又把同样的归纳法应用在古代其他有韵文学作品的古音研究上。为了求"行"字的古音,他从《易经》有韵的部分找到四十四个例,都是尾音 ang 的字押韵。为一个"明"字,他从《易经》里找到十七个证据。

差不多过了半世纪,爱国的学者顾炎武(1613—1682 年)写成他的《音学五书》。其中一部是《诗本音》;一部是《易音》;一部是《唐韵正》,这是一种比较古音与中古音的著作。顾炎武承认他受了陈第的启发,用了他的把证据分为本证和旁证两类的方法。

我们再用"服"字作例子。顾炎武在《诗本音》里举了十七条本证,十五条旁证,共三十二条。在那部大书《唐韵正》里,他为说明这个字在古代的音韵是怎样的,列举从传世的古代有韵的作品里找到一百六十二条证据!

这样耐心收集实例、计算实例的工作有两个目的:第一,只有这些方法可以断定那些字的古音,也可以找出可能有的违反通则而要特别解释的例外。顾炎武认为这种例外可以从方言的差异来解释。

但是这样大规模收集材料的最大用处还在于奠定一个有系统的古音分部的基础。有了这个古代韵文研究作根据，顾炎武断定古音可以分入十大韵部。

这样音韵学才走上了演绎的、建设的路，第一步是弄明白古代的"韵母"（韵部）；然后，在下一个时期，弄明白古代声母的性质。

顾炎武在1667年提出十大韵部。下一百年里，又有好些位学者用同样归纳和演绎的考证方法研究同一个问题。江永（1681—1762年）提出十三个韵部。段玉裁（1735—1815年）把韵部加到十七个。他的老师，也是朋友，戴震（1724—1777年），又加到十九个。王念孙（1744—1832年）和江有诰（死在1851年），各人独立工作，得到了彼此差不多的一百二十一部的系统。

钱大昕（1728—1804年）是18世纪最有科学头脑的人里的一个，在1799年印出来他的笔记，其中有两条文字是他研究古代唇、齿音的收获（《十驾斋养新录》卷五，"古无轻唇音"，"古无舌头舌上分"两条）。这两篇文字都是第一等考证方法的最好的模范。他为唇音找了六十多个例子，为齿音也找了差不多数目的例子。为着确定各组里的字的古音，每一步工作都是归纳与演绎的精熟配合，都是从个别的例得到通则，又把通则应用到个别的例上。最后的结果产生了关于唇、齿音的变迁的两条大定律。

我们切不可不知道这些开辟中国音韵学的学者们有多么大的限制，所以他们似乎从头注定要失败的。他们全没有可给中国语言用的拼音字母的帮助。他们不懂得比较不同方言，尤其是比较中国南部、东南部、西南部的古方言。他们又全不懂高丽、越南、日本这些邻国的语言。这些中国学者努力要了解中国语言的音韵变迁，而没有这种有用的工具，所以实在是要去做一件几乎一定做不成的工作，因此，要评判他们的成功失败，都得先知道他们这许多重大的不利条件。

这些大人物可靠的工具只是他们的严格的方法：他们耐心把他们承认的事实或例证搜罗起来，加以比较，加以分类，表现了严格的方法；他们把已得到的通则应用到归了类的个别例子上，也表现了同等严格的方法。12世纪的吴棫、朱熹，17世纪的陈第、顾炎武，还有十八九世纪里那些继承他们的人，能够做出中国音韵问题的系统研究，能够把这种研究做得像一门学问——成了一套合乎证据、准确、合理系统化的种种严格标准——确实差不多全靠小心应用一种严格的方法。

我已经把我所看到的近八百年中国思想里的科学精神与方法的发达史大概说了一遍。这部历史开端在11世纪，本来有一个很高大的理想，要把人的知识推到极广，要研究宇宙万物的理或定律。那个大理想没有法子不缩到书本的研究——耐心而大胆地研究构成中国经学传统"典册"的有数几部大书。一种以怀疑和解决怀疑做基础的新精神和新方法渐渐发展起来了。这种精神就是对于牵涉到经典的问题也有道德的勇气去怀疑,就是对于一份虚心,对于不受成见影响的,冷静的追求真理,肯认真坚持。这个方法就是考据或考证的方法。

我举了这种精神和方法实际表现的几个例,其中最值得注意的是考订一部分经书的真伪和年代,由此产生了考证学,又一个是产生了中国音韵的系统研究。

然而这个方法还应用到文史的其他许多方面,如校勘学、训诂学(semantics,**字义在历史上变迁的研究**)、史学、历史地理学、金石学,都有收获,有效验。

17 世纪的陈第、顾炎武首先用了"本证"、"旁证"这两个名词,已经是充分有意运用考证方法了。因为有 17 世纪的顾炎武、阎若璩这两位大师的科学工作把这种方法的效验表现得非常清楚,所以到了十八九世纪,中国第一流有知识的人几乎都受了这种方法的吸引,都一生用力把这个方法应用到经书和文史研究上。结果就造成了一个学术复兴的新时代,又叫作考据的时代。

这种严格而有效的方法的科学性质,是最用力批评这种学术的人也不能不承认的。方东树(1772—1851 年)正是这样一位猛烈的批评家,他在 1826 年出了一部书,用大力攻击整个的新学术运动。然而他对于同时的王念孙、王引之(1766—1834 年)父子所用的严格的方法也不得不十分称赞。他说:"以此义求之近人说经,无过高邮父子《经义述闻》,实足令郑、朱俯首,汉唐以来未有其匹。"(《汉学商兑》卷中之下,《宋鉴·说文解字疏序》条)一个用大力攻击整个新学术运动的人有这样的称赞，足以证明小心应用科学方法最能够解除反对势力的武装，打破权威和守旧，为新学术赢得人的承认、心服。

这种"精确而不受成见影响的探索"的精神和方法，又有什么历史的意义呢？

一个简单的答案，然而是全用事实来表示的答案，应当是这样的：这种精神和方法使一个主观的、理想主义的、有教训意味的哲学的时代（从11世纪到16世纪）不能不让位给一个新时代了，使那个哲学显得过时、空洞、没有用处，不足吸引第一等的人了。这种精神和方法造成了一个全靠严格而冷静的研究作基础的学术复兴的新时代（1600—1900年）。但是这种精神和方法并没有造成一个自然科学的时代。顾炎武、戴震、钱大昕、王念孙所代表的精确而不受成见影响的探索的精神并没有引出来中国的一个伽利略、维萨略、牛顿的时代。

这又是为什么呢？为什么这种科学精神和方法没有产生自然科学呢？

不止四分之一世纪以前，我曾试提一个历史的解释，做了一个17世纪中国与欧洲知识领袖的工作的比较年表。我说：

> 我们试作一个17世纪中国与欧洲学术领袖的比较年表——17世纪正是近代欧洲的新科学与中国的新学术定局的时期——就知道在顾炎武出生（1613年）之前年，伽利略做成了望远镜，并且

用望远镜使天文学起了大变化,解百勒(Kepler)发表了他的革命性的火星研究和行星运动之时,哈维(Harvey)发表了他的论血液运行的大作(1628年),伽利略发表了他的关于天文学和新科学的两部大作(1630年)。阎若璩开始做《尚书》考证之前十一年,佗里杰利(Toricelli)已完成了他的空气压力大实验(1644年)。稍晚一点,波耳(Boyle)宣布了他的化学新实验的结果,做出了波耳氏律(1660—1661年)。顾炎武写成他的《音学五书》(1667年)之前一年,牛顿发明了微积分,完成了白光的分析。1680年,顾炎武写《音学五书》的后序;1687年,牛顿发表他的《自然哲学的数学原理》(*Principia*)。

这些不同国度的新学术时代的大领袖们在科学精神和方法上有这样非常显著的相像,使他们的工作范围的基本不同却也更加引人注意。伽利略、解百勒、波耳、哈维、牛顿所运用的都是自然的材料,是星球、球体、斜面、望远镜、显微镜、三棱镜、化学药品、天文表。而与他们同时的中国所运用的是书本、文字、文献证据。这些中国人产生了三百年的科学的书本学问;那些欧洲人产生了一种新科学和一个新世界。[*The Chinese Renaissance*(《中国文艺复兴》,芝加哥大学1934年版),第70—71页。]

这是一个历史的解释,但是对于17世纪那些中国大学者有一点欠公平。我那时说:"中国的知识阶级只有文学的训练,所以活动的范围只限于书本和文献。"这话是不够的。我应当指出,他们所推敲的那些书乃是对于全民族的道德、宗教、哲学生活有绝大重要性的书。那些大人物觉得抄出这些古书里每一部的真正意义是他们的神圣责任。他们正像白朗宁（Robert Browning）的诗里写的"文法学者"（Grammarian）：

"你卷起的书卷里写的是什么？"他问，
"让我看看他们的形象，
那些最懂得人类的诗人圣哲的形象——
拿给我！"于是他披上长袍，
一口气把书读透到最后一页……
"我什么都要知道！……
盛席要吃到最后的残屑。"
"时间算什么？'现在'是犬猴的份！
人有的是'永久'。"［白朗宁的诗，*A Grammarian's Funeral*（《一个文法学者的葬礼》）。］

白朗宁对人本主义时代的精神的礼赞正是："这人决意求的不是生存，是知识。"（同上）

孔子也表示同样的精神："学如不及，犹恐失之。""朝闻道，夕死可矣。"朱子在他的时代也有同样的表示："义理无穷，惟须毕力钻研，死而后已耳。"（《朱文公文集》卷五十九，《答余正叔》第三书）

但是朱子更进一步说:"诸公所以读书无长进,缘不会疑。""才疑,便须理会得彻头。"后来真能使继承他的人,学术复兴的新时代的那些开创的人和做工的人,都懂得了怀疑——抱着虚心去怀疑,再找方法解决怀疑,即使是对待经典大书也敢去怀疑。而且,正因为他们都是专心尽力研究经典大书的人,所以他们不能不把脚跟站稳;他们必须懂得要有证据才可以怀疑,更要有证据才可以解决怀疑。我看这就足够给一件大可注意的事实作一种历史的解释,足够解释那些只运用"书本、文字、文献"的大人物怎么竟能传下来一个科学的传统,冷静而严格的探索的传统,严格的靠证据思想,靠证据研究的传统,大胆的怀疑与小心的求证的传统——一个伟大的科学精神与方法的传统,使我们,当代中国的儿女,在这个近代科学的新世界里不觉得困扰迷惑,反能够心安理得。

(原载台北《新时代》第 4 卷第 8、9 期,1964 年 8、9 月)

胡适：格致与科学

1891—1962

科学初到中国的时候，没有相当的译名，当时的学者就译作"格致"。格致是"格物致知"的缩写。《大学》里有一句"致知在格物"，但没有说明"格物"是什么或是怎样做。到了宋朝，一班哲学家都下过"格物"的解说，后来竟有六七十家的不同的界说。其中最有势力的一个解说是程子（程颐）、朱子（朱熹）合作的。他们说，"格就是到"，格物就是到物上去穷究物的理。朱子说得最清楚：

天下之物莫不有理，而吾心之明莫不有知。……即凡天下之物，莫不因其已知之理而益穷之，以求至乎其极。

即（就）物穷理，是格物；求至乎其极，是致知。

这确是科学的目标，所以当时译科学为"格致"是不错的。

有人问程子，格物的"物"有多大的范围，程子答道：自一身之中，至万物之理，都是物。他又说：一草一木都应该研究。就是近代科学的研究范围也不过如此。

程子、朱子说的格物方法，也很可注意。他们教人：今日格一物,明日又格一物;今日穷一理,明日又穷一理。只要积累多了,自然有豁然贯通的日子。

程子、朱子确是有了科学的目标、范围、方法。何以他们不能建立中国的科学时代呢?

他们失败的大原因,是因为中国的学者向来就没有动手动脚去玩弄自然界实物的遗风。程子的大哥程颢就曾说过"玩物丧志"的话。他们说要"即物穷理",其实他们都是长袍大袖的士大夫,从不肯去亲近实物。他们至多能做一点表面的观察和思考,不肯用全部精力去研究自然界的实物。

久而久之,他们也觉得"物"的范围太广泛了,没有法子应付。所以程子首先把"物"的范围缩小到三项:(一)读书穷理;(二)尚论古人;(三)应事接物。后来程朱一派都依着这三项的小范围,把那"凡天下之物"的大范围完全丢了。范围越缩越小,后来竟从"读书穷理"更缩到"居敬穷理"、"静坐穷理",离科学的境界更远了。

明朝有个理学家王阳明(王守仁),他曾讥笑程子、朱子的格物方法。他说:"即物穷理是走不通的路。我们曾实地试验过来。有一天,一位姓钱的朋友想实行格物,我叫他去格庭前的竹子。钱先生坐在竹子边,格了三天三夜,格不出道理来。我就自己去试试,一连格了七天,也格不出道理来。我们只好叹口气,说,圣贤是做不成的了,因为我们没有那么大的精力去格物!"

王阳明这段话最可以表示中国的士大夫从来没有研究自然的风

气，从来没有实验科学的方法，所以虽然有"格物致知"的理想，终不能实行"即物穷理"，终不能建立科学。

17世纪以后的"朴学"（又叫作"汉学"），用精密的方法去研究训诂音韵，去校勘古书。他们做学问的方法是科学的，他们的实事求是的精神也是科学的。但他们的范围还跳不出"读书穷理"的小范围，还没有做到那"即物穷理"的科学大范围。

所以我们中国人的科学遗产只有两件：一是程子、朱子提出的"即物穷理"的科学目标；一是三百年来朴学家实行的"实事求是"的科学精神与方法。

我们现在和将来的努力，要把这两项遗产打成一片：要用那朴学家"实事求是"的精神与方法来实行理学家"即物穷理"的理想。

1933年12月19日

（原载耿云志主编：《胡适遗稿及秘藏书信》第9册，黄山书社1994年版）

1893—1988

毛子水：孔门和科学

　　研究思想史的人，往往喜欢把孔子比作索格拉底。在索格拉底以前，希腊的哲学家多潜心于自然的研究；大而宇宙，小而原子，上天下地，说个不休。索格拉底出，以为人类不能呼风唤雨，变易四时，则自然的研究，便在人类智力以外；而人类所能讲求的，只有人伦道德。因此，罗马名儒吉格卢说道："索格拉底是第一个人把哲学从天上搬到地上的。"而我们的孔子，在卜祝巫史的时代以后，独重百姓日用的事物，明孝悌、仁爱、忠恕、信义等等的德行，而摒弃神怪的荒唐。《论语·先进》：季路问事鬼神。子曰："未能事人，焉能事鬼！"曰："敢问死"。曰："未知生，焉知死！"在孔子的对于我们中国许多贡献里面，这是一个很大的贡献。我们可以说，在创造"人的学问"上，孔子和索格拉底的确是很相像的。

　　但就对于自然科学的态度言，则孔子与索格拉底大不相同。索格拉底以为人类没有力量左右自然界的现象，所以自然界的现象不应在人类研究的领域内；而孔子则似乎主张学术万端，应各有专业。"百工居肆以成其事；君子学以致其道。"（《论语》记子夏语）乃是孔门中的常识。樊迟请学稼，子曰："吾不如老农。"请学为圃，子曰："吾不如老圃。"（《论语·子路》）这是孔子的老实话。（孔子并不鄙视农圃。他所以骂樊迟为"小人",只是说樊迟不应当向孔子问这些事情罢了。)我们可以说,孔子对于自然科学所以不深事研究,只是因为没有闲暇,不是因为别的。孔子要他的弟子学诗的一个原因,就是学诗可以"多识于鸟兽草木之名"。这一点就可以证明孔子的看重自然界的学问。

我现在从《论语》里举出两事,以测定孔门中科学知识的程度。

一

《论语》为政,子曰:"为政以德,譬如北辰居其所而众星拱之。"

何晏集解引郑玄曰:"德者无为,譬犹北辰之不移而众星拱之也。"(从皇疏本)《文选·运命论》注引郑玄《论语注》曰:"北极谓之北辰。""北极谓之北辰",见尔雅释天。李巡云:"北极,天心;居北方,正四时:谓之北辰。"郭璞注略同。朱熹《论语集注》云:"北辰:北极,天之枢也;居其所,不动也。"《朱子语类》中并言:"北辰是无星处。"在朱子以前,梁祖暅之"以仪准候不动处,在纽星之末犹一度有余";宋沈括"测天中不动处远极星三度有余"。但自郑玄以下,不是一代大儒,便是历象专家。至于普通的读书人,能够对于这点知道得很清楚的,实在很少。而孔子把北辰作比喻,可见孔子的弟子,对于这事,都是很明了的。

二

《论语·阳货》：佛肸召；子欲往。子路曰："昔者由也闻诸夫子曰：'亲于其身为不善者，君子不入也。'佛肸以中牟畔；子之往也如之何？"子曰，"然，有是言也。不曰'坚'乎——'磨而不磷！'不曰'白'乎——'涅而不缁！'吾岂匏瓜也哉！焉能系而不食！"

何晏《集解》云："匏，瓠也。言匏瓜得系一处者，不食故也。吾自食物，当东西南北，不得如不食之物系滞一处。"朱熹《集注》云："匏，瓠也。匏瓜系于一处而不能饮食；人则不如是也。"匏和瓠是一物的异名，那是毫无疑义的。但匏瓜何以会"系而不食"，则两氏的注解都没有说得清楚；朱氏的说法尤为牵强。实在两说都是错的。

这里的"匏瓜"，应是天星的名字。史记天官书北宫节："匏瓜，有青黑星守之，鱼盐贵。"司马贞《史记索隐》引《荆州占》云："匏瓜，一名天鸡，在河鼓东。"张守节《史记正义》云："匏瓜五星在离珠北"。孔子意谓：我哪能像天上匏瓜星一样，整年挂着而不为人所采食！（我疑心当时果实的名字，只叫"匏"或"瓠"，天星的名字，才叫"匏瓜"。）"匏瓜不食"，正如《诗·小雅·大东》篇所谓："维南有箕，不可以簸扬；维北有斗，不可以挹酒浆。"孔子既对子路讲这个比喻，则子路定必懂得。这可见孔门里边，就是不十分喜欢读书的人，亦有很高的科学知识的。高于何晏，不算稀奇；高于朱熹，则是我们所可注意的。（*实在，何晏无论怎样专*

务玄言，也不应当不知道匏瓜为星名。曹植《洛神赋》："叹匏瓜之无匹兮，咏牵牛之独处。"阮瑀《止欲赋》："伤匏瓜之无偶，怨织女之独勤。"这两赋都是显然以匏瓜为星名的。曹、阮与何时代相接，难道连这两赋的文字都不了解么！）

当然，先儒中亦不是没有懂得孔子的话的。梁皇侃《论语义疏》："一通云：匏瓜，星名也；言人有才智，宜佐时理务为人所用，岂得如匏瓜系天而不可食耶！"宋《黄震日钞》："临川应抑之天文图有匏瓜星；其下注引《论语》，正指星而言。盖星有匏瓜之名，徒系于天而不可食，正与'维南有箕，不可以簸扬；维北有斗，不可以挹酒浆'同义。"（忆明焦弱侯的《笔乘》中亦记有一则相类似的事情；但手边没有焦氏《笔乘》，不得一校。）作这些说法的人都可以成为"好学深思，心知其意"的。但因朱氏集注为世所宗，所以他们的说法便湮没而不彰了；到了清代刘氏的《论语正义》，还是依违两可。因此，孔门对于科学知识的态度，遂不为人所明了。空疏不学的人，便以为孔子亦当和索格拉底一样轻视自然科学了。这种事情，我们当然不能归咎于孔子的。

（原载《毛子水文存》，华龄出版社 2011 年版）

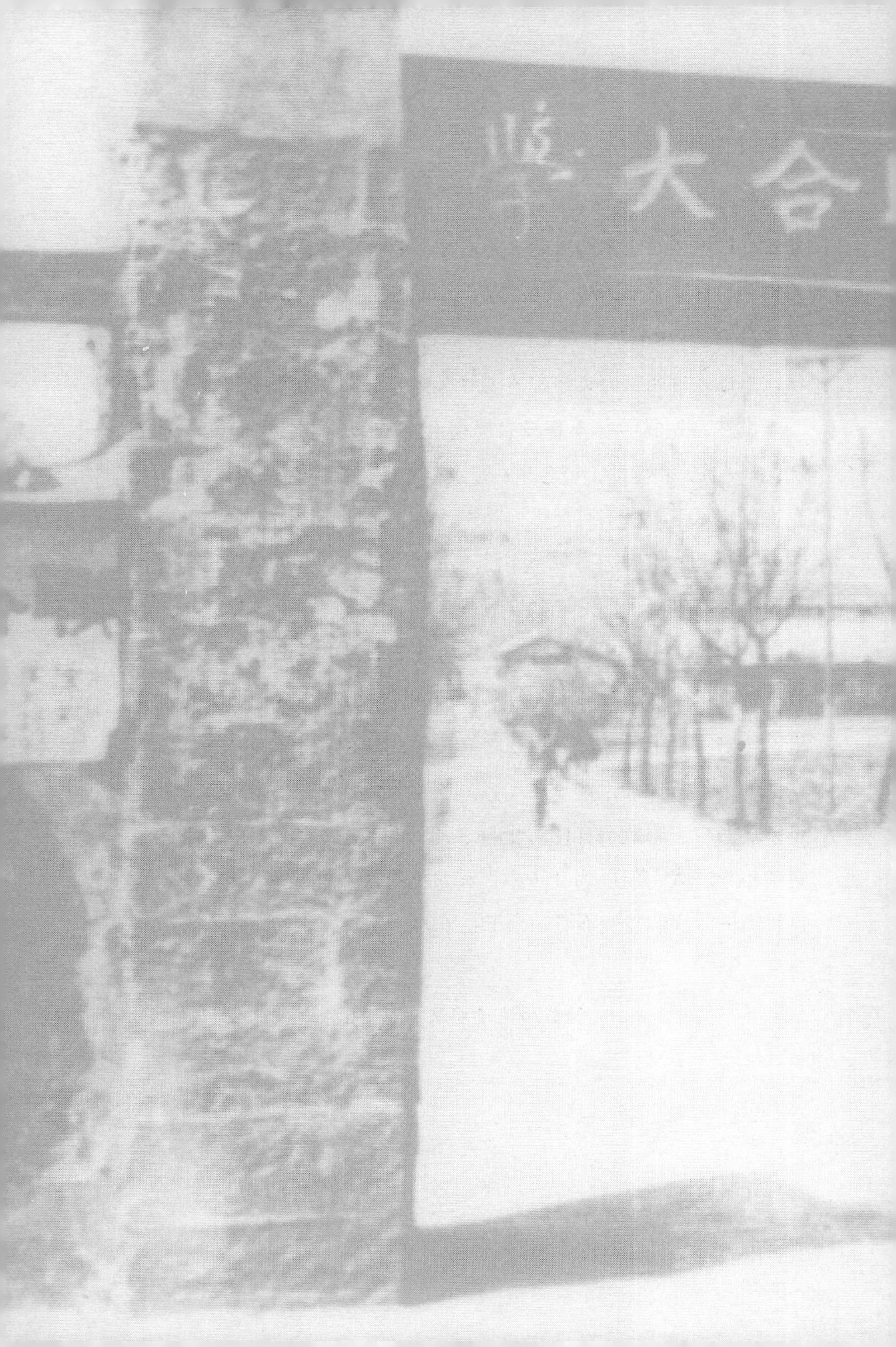
大合

第七篇 中西交流与科学

西学东渐与文化反思四讲

1937—1946

1898—1977

叶企孙：中国科学界之过去现在及将来

今天所讲的，不是中国科学自古至今的历史，是近代西洋科学输入中国的情形。西洋科学输入中国，约可分为四个时期：

（一）自利玛窦入中国起，至约1720年。这个时期的特性有两条：

（1）虚心承受，完全吸收西洋的学说。这个时期的前一半，都是吸收工作；到后半期系转变为中西兼用。康乾时编成的《数理精蕴》及《历象考成》两书，代表中西兼用的态度。

（2）可惜利玛窦等所带来的都是当时欧洲的旧说；哥白尼的地动说，当时欧洲已有，但利玛窦等天主教徒不信哥氏之说。

（二）1720—1850年。这个时期可以称为闭关时期。在此时期中，中国的数学家和天文学家大都不愿学外国的东西。因为有些人发现了所谓西学是中国原来有的。例如康熙时，梅文鼎发现西洋传入的借根方，就是中国的天元。诸如此类之例，使中国学者轻视西学，遂造成此闭关时期。岂知这一百三十年中间，欧洲科学进步甚快，蒸汽机、电学原理等，都是在这个时期中发明的。闭关的损失,何等重大。

(三)1850—1900年。这是欧洲科学第一次输入中国的时期。国势颓衰,就是曾国藩、李鸿章等也认定外国科学的重要!科学的提倡,便起于此时。这时期内,有两点可说:

(1)译书颇多,但是译文都很坏,离开其信达雅的标准甚远。这是因为当时译书,大都用西人口授华人笔述的方法。笔述的人,外国文字未通,有许多思想未曾了解。

(2)当时士大夫心理中,脱不了"中学为体西学为用"的观念。因为有了这种观念,对于西方文化,便不能彻底了解了。

(四)1900年以后。国势更衰。中国学者在这个时期内才逐渐知道西洋的自然科学,代表一种整个文化的表现,研究自然科学,是研究环境的工作,是要去了解环境,同时并注意应用,以改进人生。研究环境所得的许多乐趣,我们可以看作一种人生观;研究环境所能得到的应用,是人类的希望。

这个时期中,还有一点可注意的是办学校和送留学生。

我们再把西学输入日本的情形和我们自己的情形作一比较。西学输入日本的历史,亦可分作四个时期:

(一)1543—1630年。这个时期与中国的第一时期相当。这个时期中,西方科学知识,输入到日本的还比输入中国的少。

(二)1630—1720年,是闭关时期,与中国的闭关时期相当。不过他们的闭关时期已完,中国的闭关时期方起。

(三)1720—1868年,是西方科学第二次输入日本的时期。他们在这时期中，译的书亦非常之多。

（四）1868年以后。这个时期，我们和他们所差就很远了。

现在，再讲我们的学校情形：

（一）大学教育。

日本东京帝国大学开办于1877年，到今已五十二年，成绩非常的好。我们的大学，非但办得晚，并且大多数办得很糟。我们的清华大学今年才不过第五年。我愿意大家每年自省一次，想一想我们的进步在哪里，有了进步则更加努力，没有进步就应该觉得耻辱。这样才能日日进步。

我们国内的大学，数目可以说很多。不过细细一算，把全国的科学者总计起来，至多只能办几个好大学。全国心理学者合起来，最多不过办一个或两个好的学系；全国化学者合起来，最多只能办三个或四个好的学系；其他科学亦类此。所以实在的困难，是在科学家太少。增加设备还是容易的，造就许多科学家，却很不容易。在物理学方面，现在至少有四个大学，仪器和实验室都尚完备，但是没有人去利用。

（二）师范教育和中学教育。

师范教育已经办了几十年，不过成绩非常的坏。出来的学生，连极根本的、极浅近的科学原理，还弄不清楚。因为师范不好，中学亦办不好。有的学校没有仪器，仍勉强教科学。其实，没有仪器，就不必教科学。因为教了半天，学生亦是莫名其妙。不如去学旁的东西去，或者有益得多。

中学没有办好的影响，就是在大学的学生不能尽量利用大学的设备所付与的机会。

再看我们各种科学的情形：

（一）地质学。

中国现状下，地质学最为发达。这要归功于丁文江和翁文灏两先生。他们约在十五年前共同办了地质调查所，先造就一班专门人才，热情试往各处去调查地质，所得结果甚好。但地学范围内其他各门，如地理学、气象学、海洋学、地震学、地质学、空气电学、地球物理学等，或完全没有，或方才开始，几等于零。

以气象学为例，大规模的气象记载，中国还未开始。但日本已经有六十四个气象台，测候站则一共约有一千六百个之多。

甘肃大地震，想大家还没有遗忘，但中国对于地震之研究，至今几等于零。

本校物理系助教王淦昌先生，现在研究一个与空气电学有关系的问题，这或许是中国国内空气电学的先声。

地球物理学与探矿极有关系，但中国还没有这方面的专家。

从中国的地质学发展历史，我们可以得到两个教训：第一，训练专用人才，必须有一定的目标，然后方能得良好的结果。第二，重要发明，每非意料所及。地质调查所掘得的北京猿人的头骨，是对全球科学界的重要贡献。但地质调查所最初目标只在探矿及调查地质，没有预料到能于短期内对于猿人学有这种重要发现。讲到这个北京猿人的牙，我们同时要知道这并不是中国人认出来的，是外国人认出来的。

（二）生物科学。

这方面的工作，例如采集标本，编制图谱等，只能说是方在起头，并且还是初步的生物学研究。

（三）物理学和化学。

关于此两种科学的研究，并非容易的事。靠着许多有智能者对于研究方面的努力，积了多年后逐渐养成一个研究中心。东京帝国大学在此五十年间，对于理化很努力，但要他成为一个研究理化的国际中心，距离还甚远。

其他科学因为时间关系，不能细讲。

综观以上，我们可以说，中国科学现状下的缺点有五个：

（一）大多数学校没有办好；

（二）确实在研究科学的专才还太少；

（三）社会上对于科学的信仰还不大，这是因为还没有一种自己发明的重要的科学应用，来兴起民众；

（四）用本国文字写的科学书太少；

（五）自己做的仪器太少。

要谋我们以后的科学进步，除了改好上述缺点外，还有一点须注意，就是纯粹科学和应用科学需要两者并重。纯粹科学的目标，应注重在养成学者对于研究的兴趣；应用科学方面，则应确定目标，切实去做。

有人疑中国民族不适宜于研究科学。我觉得这些说法太没有根据。中国在最近期内方明白研究科学的重要,我们还没有经过长时期的试验,还不能说我们缺少研究科学的能力。惟有希望大家共同努力去做科学研究,五十年后再下断语。诸君要知道,没有自然科学的民族,决不能在现代文明中立住!

(原载《国立清华大学校刊》第114期,1929年11月22日)

1899—1967

曾昭抡：中国学术的进展

历史家曾经指明，在古代国家当中，中国的文化，占着显著的地位。自从有史以来，直到 18 世纪中叶，在文化和学术上，我们始终占有一种领袖的位置；虽然别国（如希腊、罗马、亚拉伯等）的文化，在某一时期内，甚至超过中国。在文学和哲学方面，一直到现在，我国还是为全世界所推崇。同样地，当近代大规模工艺尚未到临以前，我国的工艺，很受东西洋各国的崇拜。印刷、造纸、指南针，都是国人首先发明。最初使用火药的，或者也是中国人。在中古时期，欧洲对于中国瓷器的制造，还是钦羡不已。至于纯粹科学方面，至少对于数学一门，中国在古代，已经有了相当的研究。

不幸因为地理环境的特殊，几千年来，我国从大体上来说，是和别国相隔绝，因此乏缺竞争的刺激；结果遂致最近两百年内，反较西洋各国，落伍很远。原来可以领导世界的，反而需要从别国吸收文化。鸦片战争以后，一百年来，这种吸收，加速度地进行。到了今天，成绩很是不恶；虽然讲起物质文明来，我国较之欧美，还是落后有相当距离。

欧洲科学和工业的惊人发展，是文艺复兴以后的事。和中国相较，他们的文化史，比较简短，但是进步却是异常迅速，以致一下弄得我们望尘莫及。从西洋人的眼光来说，鸦片战争和以后接连发生的事件，敲开了中国的门户，让他们可以销售货物。自我们的立场看来，这种接触，一方面诚然使我们丧失土地，损失权利，甚至变成次殖民地的国家；在另一方面，却使我们认识了一种新的世界、新的学术。我们吸收了新的文学、新的哲学，尤其是新的科学和工业。代价固然很重，收获却也不少。

实在地说，中国从西洋输入学术，并非始于鸦片战争时代。在这以前，在中国文化史上，至少有三件值得纪念的事件，和此方面有关。第一件是元初马可孛罗的来华。经过马氏的手，一部分西洋学术和技术，被介绍到中国来。就中尤以火器的制造和使用，具有历史上的意义。到了明朝中叶，距今约计三百年前，经徐文定公（*光启*）的提倡，西洋的历法、数学、天文，以及火器炸药的制造，得有机会，由天主教士，传入我国。后来清朝入关，南怀仁、汤若望等，为着想推行传教，以天算历法说清帝，深得康熙的赏识。由此这些科学，在中国又得再进一步。以上三次，先后相隔数百年，但是颇多相似之处。介绍西洋学术的，几次都是基督教徒或传教士。传入的学问，主要地是一些实用科学；就中武器制造和天算历法，占着最重要的地位。这点与中国人向来偏重实际的习俗，正是相合。至于纯粹科学方面，数学以外，实在有限得很。此中理由，一部分是因为在那时候，欧洲对于其他各门科学的知识，也是有限。

以前中国输入西洋学术，其目的不外增强政府的武力，以便树立武功，压制叛乱；或者是提高学术，粉饰太平。鸦片战争，却使中国认识了一种新的威胁；即是如果不亟图自强，便会受外国的欺凌，甚至有灭亡的危险。在这种新的认识之下，中国又从新输入西洋技术。当初在朝人士，缺乏新式头脑，还未想到此点。嗣后同治年间，太平天国平定以后，中兴名将曾国藩等，从战事经验，深悉新式武器的威力，明了中国的问题，非仿西洋方法，制造新式枪炮，不足以图生存。在他们主张之下，江南制造局，遂于1865年左右，在上海设立。原来该局目标，不过是聘请西洋技师，仿照他们的成法，制造当时所谓新式枪炮。可是开局制造以后，发现为着训练国人，充任这种工厂的技师，除开实际上的经验以外，若干最低限度的学理知识，是不可缺少。因此该局不久即附设一种编译事业，从事于科学与技术书籍的翻译。这种事业，可惜维持不过二十年光景；但是所得成绩，也很可观。所译书籍当中，如火药制造，及造船等一类与兵工事业直接有关系的书籍，当然占有显著地位。其他医学及农业两种实用科学，也被介绍进来。纯粹科学方面，物理（那时还叫作"格致"）和化学，颇有几本译出，虽然数学、生物学和地质学似乎是被忽略了。甚至与兵工事业相隔颇远的学问（如历史等），也译出了一些书籍。现在看来，久经湮没的江南制造局时代译本，从品质上说，实较以后半世纪中我国所编译的书籍为高。这种事业，未能让它延续下去，真是一件可惜的事。

在江南制造局设置的时期，中国文化史上，另有两件值得注意的事：一件是新式学校的开办（以后引到科举制度的废除）；一件是出洋留学生的派遣。这两件事的出发点，和江南制造局的设立相同，也是使我国从速达到"富国强兵"的一种企图。对外交涉不断的失败，这时候使我国朝野，认识了本位文化的弱点，和吸收西洋文明的必要。只可惜那时代的人，始终抱着一种"中学为体，西学为用"的哲学，不肯吸收西洋人近代化的精神。凡事不求创造，只求模仿；而且迷信和传统思想，继续支配他们的头脑。这样一来，结果是眼睁睁望着原来和我们地位相似的日本，一步步扶摇直上；而我们自己，却仍然滞留在旧时代的社会中。

现在想来，1870时代的机会，我们未曾充分利用，真是十分可惜。那时候江南制造局的规模，不但是东亚无匹，而且在全世界上，也是有数的大兵工厂。比方抗战前夕中国曾经屡次向之定购大批军火的瑞典包福斯（Bofors）兵工厂，就在现在，规模也并不较当年的江南制造局为大。1894年，中日战争爆发的时候，中国的海军吨数，仿佛在世界各国中前五名以内。江南制造局译书的时候，例如化学一门，在欧洲也还是很幼稚；拿中国人的聪明，急起直追，不见得追不上。然而这种机会，竟错过了。政治机构的腐败，加上"中学为体，西学为用"这种哲学上的毒素，使我们不求研究，不求改进，遇事不采取科学态度和引用科学精神。结果本来在学术上业已落伍的中国，几十年来，更加一蹶不振，较别人愈差愈远，最后甚至弄到连自己都看不起自己。

甲午战争的失败，使一般爱国志士的思潮，转变了方向。那次战败，我国政治的腐败，显然是主要的原因。于是乎思想比较激烈的革命分子，认为非把满清推翻，不足以挽救中国于危亡。趋向妥协的人，也以为应该改革政体，实行君主立宪。无论如何，大家都以为如果政治不改良，徒然致力于新式武备，总不免是舍本逐末。因此在一般青年当中，原来就很薄弱的对于科学及工业的兴趣，几乎完全转移到政治经济法律上去。结果不但研究科学的热诚，更趋消沉，连科学书籍的翻译，也变为不时髦，少有学者从事于这种工作。

甲午战争所赐予我们另一方面不良的影响，是使许多青年，盲目地崇拜新兴的日本。拿留学生说，大批的学生，那时候涌到日本去留学，盼望从那里学到救中国的途径。这点如果从社会科学的眼光，认作不当；那么在自然科学方面，是更不幸的；因为那时候日本国内科学和工业，尚未发达，在这方面，她所有的，还不过是拾了西洋人的一点糟粕，我们将那些转贩过来的东西，当作至宝，真是大错特错了。我们只要一查1895年后二十五年间国人的著作，便很容易发现，那时期自己的创作，真如凤毛麟角，所有的不过是一些翻译工作，而且大部分是译的一些日本书；不但社会科学如此，连自然科学也是如此。这种错误的盲从，加上一般人对于科学的忽略，令这四分之一的世纪，成为近代中国科学思潮最低落的一个时期。

辛亥革命，民国成立，一般国民，热望着我国从此将进入新时代。不幸得很，北洋军阀，始终把持政局，而且彼此混战，造成不断的内乱。同时不久欧战爆发，强邻乘机压迫。在这种局面之下，一般青年的头脑，当然仍旧充满了"政治第一"的思想，由此科学仍然继续地被忽略着。同时因为内政不修，学校经费，积欠累月。

一般教育界人士，个人生活，亦感无法维持。校中仪器图书的设备，更谈不到。少数有志研究的教授，均感无法工作。上述科学的衰落，这也是一种原因。

全盘说来，自江南制造局时代起，五十年内，为着种种原因，我国在科学上，始终无大进展，甚至可以说站着未动。同时在日本方面，则颇有长足的进步。一直到五四运动爆发（1919年），方才把青年们的志愿，一部分转移到科学上面去。伟大的"五四"在中国历史上，具有极重大的意义。这次运动的出发点，是由于一般青年对当时军阀政府外交政策的不满。虽然最初侧重政治外交的改革，这次运动所唤起除旧换新的精神，随即展开到文化上去。在文学方面，它提倡文学的改革；主张铲除艰涩难懂的刻板式文言文，代以活泼自由和大众化的白话文。在科学方面，它主张至少一部分富有聪明才智的青年，应该充实自己，埋头苦干，实际地从事于自然科学及应用科学的研究探讨和创作。这种提倡，对于那一代和下一代中国科学家的培养，实在是有重大的影响。

正当五四运动的前后，西人在我国所设教会大学，设备已逐渐充实；科学研究工作，亦已开始进行。就中最堪注意者，为受洛氏基金协助而成立的北平协和医院，此时建筑业已完成，设备亦已就绪。在全国纷乱的时候，此处独是一种世外桃源。大量的研究论著，不久便从该院倾出。在此青黄不接时期，西人对于我国学术界的贡献，极属重要，亦甚可感。

1926年，国民革命军自广东北伐，次年在南京成立国民政府，不久全国即告统一。跟着这种新局面的到临，我国学术界，随即也发生了根本的转变。中国国民党执政以后，认为复兴中国，除开整编军队，改良政治以外，极力提倡自然及应用科学，以期提高文化，并令国家走上工业化的途径，乃是复兴国家应采的方针。在这种理想之下，学术事业，受到政府的维护，遂呈急起直追的新生态。在1937年中日战事发生以前，国民党秉政十年的政绩当中，学术事业的空前发展，应当给予一种显著的地位。在这方面的成绩，主要地可分下列各点：

（一）大学及专科学校的充实。革命军北伐以前，教育经费，异常支绌。教员生活，无法维持。全部教育文化事业，大有总崩溃的趋势。国民政府成立以后，不顾财政困难，立下决心，对于各校经费，决不拖欠，以令教员生活得到保障。同时责成各校当局，努力扩充设备，充实教授人选。此项政策推行以后，数年之间，成绩昭著。就中一部分国立大学，如清华大学、北京大学、中央大学等，在卢沟桥事变前夕，其图书仪器设备的丰富，并不下于欧美第二流大学。教学方面，学生程度，提高甚多。同时一部分教授，于教课之暇，率领学生，进行研究。于是我们科学界，乃从仿效进入创作时期。国立大学，经费较充，发展较速。教会学校所保持的领导地位，不久即被超过。唯一例外，则系协和医学院。该院经费，较之国立各大学，尤为充足，且以根基业已稳固，所做研究工作，数量上仍较大学胜出一筹。同时教会学校及其他私立大学，日图上进；其对于学术的贡献，亦与日俱增。

（二）研究机关的设立。为着促进科学在中国的发展，国民政府，认为除充实各大学外，有设立专事科学研究的机关之必要。奠都南京的那年（1927年）冬天，即通过设置"国立中央研究院"；下设物理、化学、动植物、工程、心理、社会及历史语言七个研究所。各该研究所，不久旋即先后成立，积极进行工作。后来在北平方面，又成立"国立北平研究院"，下设物理、镭学、化学、动物、植物、药物等研究所。此外私人方面所设的研究机关，国人所设者中，当以塘沽永利碱厂附设的"黄海化学工业研究社"规模为最大。该社历史，虽较上述两研究院为久；但以前经费颇形拮据，至1930年，工作方始渐多。至西人方面，则在上海成立有"雷氏德医学研究院"（Henry Lester Institute of Medical Research），专从事于医药及生物化学方面的研究；其规模宏大，与协和医学院相仿。

（三）专门学会的成立。我国科学方面的学术团体，历史最久的，要推1886年在上海成立的"博医会"（Medical Missionary Association）。但此会乃系当时在我国传教的教会西人医士所发起组织；嗣后虽准国人入会，并非国人的组织。1915年，国人业医者，在上海创立"中国医学会"。至1932年，此两会乃合而为一。在民国初年，正当中华医学会成立的时候，中国科学社，由留美学生杨铨、赵元任、任鸿隽等，在美国创立，嗣后移回中国。其后约十年，"中国工程学会"，亦在美国留学生中成立。后来移归中国后，于1931年，与历史较久的"中华工程师学会"合并，改名为"中国工程师学会"。

以上所述，除医学会外，均系范围较为广博的科学团体。至于严格的专门学会之成立，则大都在国民政府奠都南京以后，而且至少一部分系因政府提携而成。就中首先成立的，是于1932年在南京成立的"中国化学会"。嗣后两三年之内，先后相继成立的，有"中国物理学会"、"中国天文学会"、"中国植物学会"等等。

学会的主要任务，当然是在于发行专门杂志，刊载各门科学里面确有价值的原著。在这方面，国内各专门学会，无疑地确能担负起来它们的任务。随着这些学会的成立，国人研究论著，已渐集中在本国各学会刊物上发表；不像以前一样，争以送到外国发表为荣。同时我国各学会和它们的刊物，也充分地受到国际上的尊敬。

（四）科学名词的编订。中国文学，与欧洲各国，相差太远。因此中文科学名词的编订，颇成一种重要问题。民国初年以来，国人研究科学者，对此方面，多加注意。但以意见分歧，在军阀时代，虽经教育当局，迭次召开会议，终久不过聚讼于堂，少有结果。国民政府成立以后，特有"国立编译馆"的设置。该馆得着新成立各专门学会的协助，自1932年起，不断致力于中文科学名词的审定与统一。十年来，此种工作未曾一日中断。即中日大战，亦未对之发生影响。目下已出版的名词，计有"化学命名原则"、"物理学名词"、"矿物学名词"等十余种。其他各种名词，正在赶速编订审查中。此项工作，在中国文化史上，实在是一种划时代的事件。

全盘说来我国自设的研究机关及大学之有研究原著发表，始于1929年左右。自该时起，至"七七"事变发生时止，八年中间，中国学术的成就，实在惊人。我们甚至可以说这几年的成就，超过过去几千年。原来将中华民族认作不科学的民族的那些外国人，至此也不得不另眼相看。从横的方面说，我们不但在描写的科学（*动物学、植物学、地质学*），因为地方性关系，得着广博和优异的成绩；就是在实验科学（*物理化学、生理学*）和理论科学（*数学、物理*）两方面，所得到的结果，也很不差。从纵的方面说，我们有些成就，很受到全世界的推崇。就中最显著的，是"北京人"的发现，被推为20世纪最伟大的发现之一。中央研究院在安阳的发掘工作，亦极为国际考古学家所重视。

"七七"抗战以来，随着海岸线各重要都市的沦陷，我国已在蒸蒸日上的科学工作，受到空前的浩劫。虽然如此，经过一个停顿时期以后，这种工作，现在已在大后方慢慢地重整旗鼓。中华民族是伟大的。我们现在正在抗战中生长起来。困难无论怎样大，克服不过时间问题。我们拭目以观今后十年吧！

（原载《东方杂志》第38卷第1号，1941年1月）

1899—1967

潘光旦：科学与"新宗教、新道德"
——评胡适《我们对于西洋近代文明的态度》

一、适之先生的矛盾

适之先生太把西方文明看得高了，所以他的议论里便发生了一个绝大的矛盾。本篇评论就预备在这个大矛盾上做功夫。

适之先生提出西方精神文明的四五个特色，而加以详细讨论的有两个：一是科学；一是新宗教、新道德。科学是近代西洋文明的一根大柱子，我们谁都承认。近代西方社会里熙熙攘攘、有声有色的种种现象，局部确是适之先生所称新宗教、新道德所激荡而成，这也谁都不便否认，然而仔细看去，这两种特色却实在是不相容纳的。要用两个不相容的因，来造一个完整和合的果，事实上有所不可能。然则难道适之先生对于西方近代文明的成因分析错了？分析大致没有错，可是因子间的关系，他并没有看清楚，所以才觉得凡属特色都是好的。

科学与"新宗教、新道德"何以不相容？新宗教、新道德的信条，适之先生说，在18世纪，则有自由、平等、博爱，在19世纪，则有社会主义。再根据他的上下文推论起来，也可知所谓自由、平等、博爱等也是 19 世纪的信条，也就是社会主义的一部分，并没有变成陈迹。我们姑不论自由、平等、博爱三端当得起当不起新宗教信条的大名目，我们先要看在科学与真理的观点下，这几个观念能不能成立。据我所见，是不能的。

什么是自由？许多科学家，不要说没有承认这个东西，连他的概念却不清楚。科学家讲因果，所以在学问方面，求结果的正确，总先从因子的正确入手。近来从事于解决社会问题的人也引用这种方法了。从事于犯罪问题者，求罪案的减少和罪犯的改邪归正，近来很能利用变态心理学的事实与原理，这是最好的一个例证。对于自然界的现象里，有一时不能用因果律来解释的部分，科学家大率取一种暂不思议和存疑的态度。至于研究社会现象与日常接人待物的生活，遇有不能适用因果关系，不能解决时，他大率持一种容忍不干涉的态度。我尝谓真正的科学家，遇到自然界的难题，不能不先讲 agnosticism；遇到社会生活的难题，不能不先讲 tolerance。两种态度实在是二而一的，但所应用有不同罢了。有科学精神的人，进则以因果律论事，退则持暂不思议、暂加容忍的态度，所以大问题化小、小问题化无，所以真理之显者日显，而真理之晦者不因操切武断臆说而益晦。他用这种态度来接人待物，也希望别人用同样的态度待他；他自己不懂什么是自由，也不希望别人乱谈自由或其他不经的概念。"自由"也许是新宗教的信条，却不是科学精神所许可的。

平等的信条可以成立么？在群众的心目中，成立了；在少数哲学家的心目中，也成立了；用科学的眼光——就是适之先生所称西方近代精神文明第一种特色的眼光——看去，却没有成立。拙著《生物学观点下之孔门社会哲学》(《留美学生季报》第十一卷第一期与第三期)里尝详细讨论这一层。读者如不嫌琐屑，请赐参考那篇文字，恕不多赘了。

博爱和平等处同一不通的地位。墨子之徒、基督教徒以博爱为天经地义，世界主义者也向来不怀疑他，许多哲学家也以他为可以成立。但是就生物事实、人类经验和社会问题的前途而论，可知博爱不特从来没有做到，不特事实上做不到，且事理上也不宜做到。拙作《生物学观点下之孔门社会哲学》里也有很详细的讨论，现在也不重说了。

适之先生说，西方近代的新宗教、新道德是理智化了，是人化了，是社会化了。读者如以上文驳论为然，可知适之先生心目中的西方新宗教实在当不起"理智化"三个字。人类是偏重理智方面的精神生活，当然莫过于科学。如今科学说：新宗教的信条不切事实，不合经验，经不起分析，当不得盘驳，然则试问他的理智化何在。

至于"人化"和"社会化"的说法，怕也要经一番条件的限制，才可以勉强成立。人化所以别于神道化，所以别于物质化或机械；社会化所以别于个人得救主义：这都是无可非议的。人文主义打破了神道主义，确是解放欧洲近世思潮的大动力。引申出去，在政治与生计方面，则有人权之说，在社会伦理方面，又有人格之说；二说经传播之后，的确引起了许多的社会变动。适之先生讲近世宗教的人化，说"我们也许不信灵魂不灭了，我们却信人格是神圣的，人权是神圣的"，确有这种趋势。

然而这种"人化"的趋势，究竟合理不合理，要得要不得，实在是另一问题。人格之说，如其目的在求社会公道，使人们彼此相互尊崇，不将人比畜，或将人比物，那当然是合理的。不过"公道"二字很可以包括此种道理，原不必别立人格的观念。然人格而至于神圣，有如适之先生所云，那就不合理了，也就要不得了。至于人权神圣之说，他的根据的薄弱几等于零。英国生物学界泰斗、去世尚不及一年的贝特孙氏曾经说过："我辈生物学者不识中权为何物，更不识平等人权为何物。"（W. Bateson, *Biological Fact and the Structure of Society*, 1912.）贝氏为发挥西洋近代精神文明第一种特色——科学——的有数人物，他的言论该有相当的分量。人权如无此东西，则所谓"神圣"二字，适足以表示信仰神权者的自卫心理和夸大狂罢了。我看不见有何种别的意义。

所谓新宗教、新道德的"社会化"，也不无重大的限制。适之先生说，新宗教、新道德的得以形成，是由于同情心的扩大。适量的同情心为社会进化所不可无，然而过量的同情心，漫无节制、不知分寸的同情心，足为社会进化甚至种族进化的大害。这层我们也不能不顾到。我在《生物学观点下之孔门社会哲学》里也曾讨论及此。中国人讲人情、有挑剔、有选择，坏处在挑剔的标准不得当。近代西方社会里的 sentimentalism 可以说是毫无标准，全不挑剔。

做人情和 sentimentalism 都是同情心的扩大,也都是社会问题日益难理的一大原因。从事于社会问题者看去,同情心好比一把刀,可以割物,也可以伤手;好比水,可以载舟,也可以覆舟。近代西方人同情心的扩大,因为没有分寸,所以他的结果,好坏参半。适之先生只就他好的方面说,殊欠科学的公允。

科学与"新宗教、新道德"方法不同,精神不同,自然是不相容了,然此中还有一个比较明显的原因在,适之先生未见到,真是令人不解。要知近代西方从事于科学是一派人,从事于适之先生所称新宗教、新道德的又是一派人;二者除互相批评攻讦外,几完全不相为谋。近年来批评社会思想的名著如美国史学家鲁滨逊之 Mind in the Making 与 Humanization of Knowledge 还不是为这种现象而作的!从事于第一种特色——科学——的是少数头脑莹澈、讲分寸、讲节制的研究家,他们的根据是事实,是经验,是逻辑;从事于第二种特色——新宗教、新道德——的是若干头在云端、脚不着地的臆想家,下面抬着他们的脚的是无数被压迫群众和血气方刚、理想方盛而识时未定的青年。二者何等的不相同呀!

二、我也来引些赫胥黎

适之先生竭力推崇西方精神文明的第一种特色,特地引了赫胥黎的一段话来代表他,推崇固当,引文也再恰当没有。可是临到讨论西方精神文明的第二种特色时,适之先生健忘,竟完全没有想到赫胥黎。赫胥黎评论西方旧宗教、旧道德的文字,真是连篇累牍,连蒲斯将军的救世军都不放过去。但是他也做过两篇很长的文章，专抨击适之先生所称的新宗教、新道德的（《赫氏文录》，第一辑）。第一篇是"On the Natural Inequality of Men"，专攻击平等，就是"新宗教"中三信条之一；第二篇是"Natural Rights and Political Rights"，专批评人权，就是适之先生认为神圣的一种东西。这两篇文都是赫氏 1890 年做的。

学适之先生，我也来引一两段赫胥黎的话。第一篇里有说：

> 1789 年间流行的革命哲学，因为曾经卢梭生花的笔墨，表面上看去似乎很合理的。此种哲学，到如今百年之后，许多人依然认他做人类的《大宪章》看。"自由、平等、博爱"依然是这班人前驱的口号……
>
> 卢梭著书立说到今日有一百五十年了，可是他这种理智的冲动力居然没有消散。不特没有消失，经过一时期的静止之后，如今且又渐渐的时髦起来了。就现势而论，恐于实际的社会生活上难免不发生又一度的严重的恶影响。

赫氏在第一篇的细注里又引法学家梅茵评卢梭主义的话。梅氏说："到了今日，不论那一国里，一班头脑浮浅的思想家，对于卢梭的哲学，依旧着了魔似的。"又说："百余年来，种种恶劣的心理习惯，如同鄙夷法律、藐视经验、动辄用臆断（apriori）的思维方法等，无非是卢梭哲学所产生的，所激荡而成的。"（Henry Maine，

Ancient Law，1861 初版）

赫氏自己对于臆说的思维方法也是痛心疾首，所以他在批评人权的那篇文章里说：

有一政治哲学家于此，专用臆说的杠杆来解决重大的思想问题。

明知他也许要引起社会的纷扰，而同时又没有十分充分的理由来表明这种纷扰为不得不有。我以为这个哲学家荒谬得很，荒谬到一个作孽犯罪的地步。

不图赫氏与梅氏的话——一个是三十六年前说的，一个是六十五年前说的——到今日也还适用，而且所适用的又多了若干国家，中国也在其内。赫氏所称"前驱的口号"就等于适之先生所称的"信条"，梅氏所称的"着魔"大概就等于适之先生所称的"神圣"，赫氏所说的"荒谬、作孽、犯罪"也就是适之先生心目中的西方精神文明的一部分了。"这是西洋近代的精神文明，这是东方民族不曾有过的精神文明"，不可谓非东方文明的幸事了！赫氏、梅氏与适之先生同一谈"新宗教、新道德"势力的硕大无朋，可是一褒一贬之间，眼光大有不同了。

适之先生所讨论西方近代精神文明的特色有二：其一可以推赫胥黎做代表，这适之先生一定可以承认的；其二可以推卢梭，他是"新宗教、新道德"的一个先知，想适之先生也必赞成这个推举。

好了。如今我们要请赫氏和卢氏，各举了"文明的火把"并排着开步走。听适之先生的议论，似乎这决没有问题。鄙见所及，以为百分之九十九是走不成的。达尔文称赫氏为他的猘犬（bulldog），是有火性的，卢梭的脾气非常古怪；可是他们二人的不能并辔而行，决不因为浮面的脾气，他们走路的条件实在是太根本不相容了。

总之，用科学的精神来评论，西方的旧宗教、旧道德和新宗教、新道德的种种势力实在是一样的不适当。是一种的药，所换的只是汤罢了。附和新势力，排斥旧势力，在个人方面看去，未尝不可沾然自喜，自以为解放了自己；在社会方面看去，不过是以暴易暴罢了。此种危言谠论，西方人自己也发表过不少，其中一部分，我们尽可以认为反动派因为想拖倒车而发的，不过其中也有我们所认为第一流科学家的言论，不便十分小看吧。文章畅丽且热心社会化育的科学家若赫胥黎不可多得，所以此类批评社会哲学的文字不多见，但是与赫氏抱同一观感的科学家——尤其是生物科学家——决不在少数，这是我可断言的。

一样看西洋近代精神文明的二大特色，适之先生看作相成的，我却看作相反的，理论具在，不得不尔。好比尼采的思想，他反对基督教，做了一篇反基督，又主张上帝已死；后来自己的夸大狂一天发达似一天，向朋友写信时，签起名来，竟用"基督"二字，或"万能"二字，俨然以宇宙的主宰自居了。推翻基督和上帝的，是理智清明时的尼采；自命基督和上帝的，是神志昏迷时的尼采：前后如出两人。西方近代的精神文明还不是应该当作截然的两部分看么？其在理智清明的科学家居然把神权的神圣，把上帝的偶像，推翻了。但是神志昏迷的臆想家和盲目的群众，竟据其位而代之，以人权的神圣自命，别立了 demos 的偶像。所以我说西方人以"新宗教"代旧宗教，不过是以暴易暴罢了。

经此一番分析的讨论，我们对于近代西洋文明的态度就不求定而自定。我实在佩服近代西方文明里的科学精神，以为东方人应当急起直追，取为师法。这也是适之先生的态度。不过我的希望还并进一步，要使这种精神的适用，不限于自然知识的探求，而推及社会问题的解决。因此，我对于适之先生所称的新宗教、新道德实在不敢恭维，以为东方社会能免受他一分洗礼，即多一分幸福。我记得前几年的适之先生似乎发表过"只谈问题，不谈主义"的主张。这种主张，非坚信科学精神可以适用于社会生活的人，决不轻易发表的，昔日的适之先生和今日的适之先生何竟前后如出两人？

三、东方圣人可恕

适之先生对于东方的圣人和圣人的言论，大不赞成，几乎出之以诅咒。东方的圣人懒惰得很，常作无可奈何之辞，这是无可讳言的。不过我觉得这班圣人也有可以原谅的地方，未便一笔抹杀。适之先生自己说的，西方近代精神文明的种种特色，实有相当物质的发展为之张本。可见西方圣人的见解，决不是向壁虚构凭空捏造的。推适之先生之论，一若东方圣人真是别有肺肝，专作自欺欺人之语似的。这可以算公允么？乐天、安命、知足、守分的哲学，分析起来，内容虽与西方的社会哲学很不同，其同为顺应环境、调剂生活而发则一。一端有频仍的水旱之灾，一端人口上没有限制的方法；在这种物质环境之内，试问要是没有这种消极的哲学来调剂，还有我们现在讨论这个问题的一日么？若说圣人不该不想积极的预防或补救方法，如开辟富源，如殖民，甚至如少发些"不孝有三，无后为大"的议论，那却成别一问题，且如责备过严，也便成了不问背景、以今度古的议论，为有识者所不乱发。如明此种原委，可知乐天、安命、知足、守分种种社会哲学观察，比适之先生所称道弗衰的自由、平等、博爱几个信条还有根据些咧！

这种社会哲学观念的根据，用今日最新的学识来估量，还不止此，如古所云之乐天、安命、知足、守分，我也不甚赞成，却也以为不宜推翻，宜加以相当的修正，自新达尔文主义发达以来，讲社会生物学的人，知道古时所讲的"天"，所讲的"命"，并非完全没有这个东西，释以今语，便是"自然的限制"，便是"遗传"。也知道古时所讲的"止"，也并非完全没有这个东西，释以今语，便是个人的遗传与环境发生关系所得的社会生活与社会地位。因为遗传不一样，所以生活与地位也不能一样，因为不明白遗传的内容，往往完全用环境优劣的程度来解释"命"，解释"分"，所以发生了许多弊病。如今遗传学识日益发达，我们知道这种弊病是可以免除的。

所以最近的西方精神文明里，也有了乐天、安命、知止、守命的哲学了。这种哲学却不是懒惰的圣人说的，是我们大家佩服的科

学家说的。上文引过英国遗传学家贝特孙的话,今再引一两段,做这篇讨论的后殿:

德谟克拉西之社会理想和根据生物观察而得的理想不同:德谟克拉西以为阶级之分是一种罪恶,我们却以为非有阶级不可。近代人类所以能制天而用之之故,就因为他品类的不一致。所以社会进化的条件,就在维持此种不一致的现象;换言之,就在维持社会的差分政策。所以改良社会的目的,决不应在取消阶级,却应使各个人率其子女,加入相当的阶级而安之。

这是新的安分论。贝氏又说:

中古时代以为国家若干固定的阶级所组织成的——上有国王,下有小人(minuti homines),中有各级的贵族。我们已经把这个观念废除了。但此种级层的社会现象,经过了一番离乱之后,依旧要回复的。

但是上文所说的 minuti homines,他们怎肯知足呢?我们不是都想也都觉得应该使他们满足么?第一步,也是最重要的一步,即是上文所提出的人人还归其相当的阶级。目下社会上种种不知足的状况,一部分确因为应当居高的人却被制在下,应该在下的人却盘踞在上。这非有充分的时日无法平复,自社会上发生大变动以来,也不过五六十年罢了。说也奇怪,知足心毕竟还不少咧。再有一种不知足,他的来源,不因为物欲上被人抑制,却因我们自己明白自己的卑劣无能。这却无法救治了。此外,只要有了相当衣食住的供给,所谓一般的 minuti homines,是很可以安居乐业的。(引贝氏文具见 *Biological Fact and the Structure of Society*,1912)

这是新的"知足不辱,知止不殆"论。

(原载《时事新报·学灯》1927 年 5 月 1、2、3 日,
胡适文原载《东方杂志》第 23 卷第 17 号)

吴大猷：近数百年我国科学落后西方的原因

六月中读何炳棣先生大作《华夏人本主义文化：渊源、特征及意义》。此文自多种观点立论，说明华夏文化出现于土质松匀，易于耕作，具有"自我加肥"性能的黄土高原偏东部分，它的物质基础是以种华北粟（小米的一种）为主的村落定居农业；聚落密集在无数大小川流两岸的黄土台地，每个聚落的基本设计都注意到生者的居住区和逝者安息的墓葬区；由于二者间经常亲切地"接触"，逐渐导致出人类史上最高度发展的以人——祖先——为本的宗教信仰和宗法亲属制度。华夏人本主义文化的中心价值是子孙永远继续繁衍，信仰和制度都极注重政治、社会、伦理等方面的实践。与西方"神本"的文化比较，华夏人本主义文化是最"脚踏实地"，最注重实用的。[何炳棣《华夏人本主义文化：渊源、特征及意义》，载《二十一世纪》双月刊，1996年2月号、4月号（总第33、34期），香港中文大学。]

这人本主义文化，可远溯上古，有如上述。祭天地，归根来说，仍是"人本"的思想。为了祭祀，商代即发展了含有高度冶金知识的青铜器皿。[关于青铜器中国发展之独立性问题,现似不再有大疑问,见何炳棣 *The Cradle of the East: An Inquiry into the Indigenous Origins of Techniques and Ideas of Neolithic and Early Historic China, 5000–1000 B.C.*(香港中文大学及美国芝加哥大学出版)。第五章论及青铜冶炼,作者提出多种理由说明何以中国青铜工艺的起源与西亚无关,作者并曾检查苏联考古资料,提出俄属中亚及西伯利亚青铜的出现较古代中国晚。这个看法近年在乌恩的《朱开沟文化的发现及其意义》(载《中国考古学论丛》,科学出版社1993年版)论文中得到坚实证明。]周公制礼,建立了后来儒家思想中极重要的"礼"的思想。所谓儒家思想,狭义地说,是孔子主要注重的伦理道德,如仁、义、礼等人与人和人与社会间的关系,在孔子时和在稍后时,这并未独成主流思想;大体地说,到了汉董仲舒时,以目前术语说,以政治干预学术,废百家言,儒家思想始成中华民族的主流思想,恒二千年。

笔者在二十多年前(60年代末至70年代初)读英人李约瑟的巨著《中国之科学与文明》(李约瑟《中国之科学与文明》第一册第497页以下)之若干章。其中列举历代我国的技术发明,有许多项目超先西方一二世纪至十余个世纪的。读该章节时颇感不安,盖这些比较,使有些国人以为我民族在科技上曾长期超先于西方,只是近数百年才落后西方而已,于是李氏的称许,乃成为一些国人自傲自喜的依据。我国的许多发明,无疑地显示我民族有很高的智慧。但许多发明，都是应用性、技术性的，和"科学"是有分别的，我们不应以为我们的"科技"曾长期超先西方。

又关于我国的"科技"（应说"技术"）发明何以近数百年"忽然"地落后西方的问题，李约瑟氏的看法（以为是儒家思想的影响），笔者亦未尽同意此笼统的、过于简化的解释。

上述两点，笔者二十多年来常放在心上，偶有一些看法，但从未作深入思索，更未写下来。读何炳棣论文后，立刻又想到这些问题。何氏大文大大增强了我的一些看法，在和何氏面谈后，得他的鼓励，写此短文略申所见，希望或可引起这些问题的讨论。

李氏巨著中列举我国超先西方的技术发明，多是"实用性"、"技术性"的，如蚕丝、草药、农历、纸、印刷术、火药和许多机械性的器具等，但不是"科学"。很不幸的，我们在现代创用了"科技"这个名词，将"科学"、"技术"两个有基本分别的概念合并起来。如我们探索的动机是求知、"求真理"，往往在无边的领域，由一些问题、一些构想出发，按逻辑继续不断地推进，这是"科学"探索的要义。如有"实用性"的问题和动机，按多少已知的基本原理，作有实用目标的探索，则我们称之为"技术性"的研究。这样粗浅的说法，并未能将"科学"和"技术"精确地分别；实际上，二者亦非可以作绝对性的划分的。最好是以一些我们熟识的例子来说明。19世纪初年，安培、法拉第等电磁现象的实验和发现，和19世纪中叶麦克斯韦的理论，是"科学"的研究。后来由这些基本原理，研制马达、发电机，则属"技术"的发展；发电厂和电气工程的建立，则是应用性工程的发展。又30年代初年开始的原子核物理的理论和实验室的研究，乃纯学术性的科学研究；40年代初年的核弹之可能性的探索，虽则研究方法仍是科学性的，但"核分裂"的基本现象是已知的，目标亦已确定，故是属于"技术性"的研究。乃至第二次世界大战后核能发电的发展，乃属技术工程的问题了。

由这些例子，我们可分别"科学"和"技术"关系。两个阶层所需的智力，无基本上的不同，但在探索的动机，目标是为"求知"或为"求果实"，与探研的方法，则有不同。从这些观点，我们可以说我们历代超先西方的许多发明，是"技术"而不是"科学"。

为了看"何以我们近数百年科技落后西方"这个课题，我们应先知我们落后西方的，究竟是什么。1840年鸦片战争之后，我国朝野以为我国落后西方的是西方的物质文明。于是在清代中、末叶有自强运动，购西人的兵舰、造船厂、钢铁厂、纱厂、兵工厂、铁路、洋学堂等。这些是西方物质文明的基础——科学与技术——的外表。而这外表的根则是"科学"真谛。我们落后西方者，不仅是"技术"的发明，而是"科学"——科学的真谛。为申述此点，兹再举两个我们熟知的例子。

在公元前约三百年（稍后于孟子时期），希腊的欧几里得氏著有《几何学》，由若干基本定义和公式，按逻辑可导出无数定理，成一完整的逻辑系统，至 19 世纪，才有数学家，将基本公式中之所谓"平行公式"作不同的修改，发展出和欧氏几何不同而亦完全符合逻辑要求的两个"非欧氏几何"体系。数学虽不算是自然科学之一，但它是"科学"发展的很好例子。

以化学言，原子说始源于公元前第四、五世纪间之 Democritus。近代化学则可谓始自法国之 A. L. Lavoisier（18 世纪中末叶）、Gay-Lussac（18 世纪末至 19 世纪中叶）。他们由化学元素的观念，以实验研究，建立化合物之"定比定律"和"恒倍比定律"，由此引入"原子量"、"分子量"的观念，奠立化学的基础。原子说在希腊时乃仅一个假设，到 17 世纪中叶首用于初期的气体运动论，到 18、19 世纪用于化学的基本定律，继用于麦克斯韦、波尔兹曼之气体运动论，20 世纪初用于爱因斯坦之布朗运动理论，终由 J. Perrin 的实验，证实分子之真实存在。由原子说（假设），到在化学发展中所居之基础地位，终乃证实为物质构成的基本单位，我们可清楚地看到"科学"发展的历程。

科学进展的原动力为"求知"，求知的历程为：由自然现象（或人为的实验）的观察、分析，形成"概念"；为"了解"观察的结果，乃引入"理论"（即对观察所得各概念间的关系，作某些假设——这些假设关系，表以数学形式，成函数关系）；由这些假设，作逻辑推论；以推论结果，与更多现象或新实验比较作验证；修改初步理论（即上述的"假设"的结果）；使新理论的结果，与所有已知的现象及实验相符。此过程：作观察、作理论、设计新实验、作观察……不断地继续重复，如是不断地扩展我们的"问题"、"知识"的范围。

以"物质"言，我们的物理学，由日常所接触物质，到分子、原子、电子、原子核、核子（中子和质子）、夸克……向"大"的方向，由物体、行星、太阳系、恒星、银河、星球……宇宙。物理学由原子、原子核、基本粒子（目前是夸克）的研究，忽然由广义相对论的"万有引力论"，和宇宙的"诞生"问题连接起来。科学的探索，不为先定（"有用"）的目标所局限，而是无止境的为"求知"前进的。但在人类的文明发展史上，引致划时代的影响者，往往是科学的探索，例如电、电磁波、半导体、计算机、核能、人造纤维等，虽则物理学者研究电磁现象、晶体结构、原子核物理等动机，是纯求知而不是无人能预见的应用影响。

从这些观点，我们很清楚地看出我们民族的高智慧——表现在许多超先西方的发明——多发展在实用性问题的研究，而不在如西方科学的抽象性、创作性的探索。我们建立农历和季节、草药治疗疾病，显示极高的观察和归纳的能力；但我们对日、月、地球的关系，似未多探索；《墨子》中有反射镜的几何光学颇完整的叙述，甚至"小孔"影像问题，但未涉及"光的性质"的探索；有杠杆静力学的叙述，而未伸展到力学的体系的思索；我们有些代数学和几何，但多止于应用于某些问题，而未有涉及几何学逻辑体系的问题。以《易经》言，有些中外的物理学家，以为《易经》和近代物理（量子力学）有关；但《易经》和近代物理二者的内涵（所含的观念）完全不同，除了外表形式（八八六十四卦，可写成代数的矩阵形），任何"关系"，只能是"附会"的。总括地说，到了16、17世纪，欧洲的近代科学（天文、物理、数学等）迅速发展，而我国则停留在原状。我们落后西方者，不是个案的技术发明，而是科学探索的动机、视野和方法。

我们回到本文的原始问题：何以我国近数百年科技落后西方？

有些人以为答案几乎是显然的，即是：我国长期受儒家思想的束缚，加以历朝科举取士的制度，是极不利科学研究的环境。

这解释，无疑是大体正确的。笔者以为在这大体正确的表面下，我们可试着作较深一层的检视。

严格地说，儒家思想之独成"主流"，乃汉董仲舒时；孔子前后，百家学说林立，墨子晚于孔子，《墨经》中之光学、力学之"实用性"，不能谓其乃限于儒家影响。故影响我民族思想最深者，乃何炳棣先生文中称为"华夏人本主义文化"。这个文化，可远溯孔子前二三千年；在几千年中，养成我民族注重与人生直接有关的事物；为适应边疆外族[①]的入侵、为防治水患、发展农业，我民族

[①] 我国古时以"外族"、"异族"、"胡"、"蛮"、"夷"等来称呼少数民族，有其时代局限性。本书尊重作者表述，此类问题不一一指出，请读者审慎看待。——编者注

成为一个极务实、坚韧，有极强适应力的民族，笔者以为我国历代不断地有外族（匈奴、突厥、五胡、西夏、辽、金、蒙古、满……）的入侵而未灭亡者，我国人口多和高文化固是重要因素，但我民族有上述的务实性、坚韧性、适应力，是极重要原因。所谓务实性、适应力，例如我民族似极弱于教条式的宗教思想；我们祭天地、拜祖先，都是"人本"的思想。佛教传至民间，渐渐地失去原来它的宗教思想，而剩下的是仪式；一个丧家可请和尚念经，隔了一个"七"，可以请尼姑来念经；因为在一般人民心上，念经只是对死者的怀思礼敬的仪式；"宗教"是抽象的；我们民族一般地说，有"人本"的"迷信"，但弱于抽象的思维；对"宇宙"，似乎止于"太极生两仪，两仪生四象……"；我们最"抽象"的，最古的经是《易经》；《易经》（卜辞）的观念，都是"人本"而不是抽象的。[见何炳棣文（参前注）引思想史家侯外庐语，《二十一世纪》双月刊1996年4月号，第91页。]我民族的思想和学术探索，二千年来可有千家的《易经》注解，而没有人探索物质的构成或天体的运动等问题。直接的原因，是二千余年来儒家思想（伦理道德）和近数百年的科举取士制度的局限思想、学术的领域、方向，但更基本的原因，则系我民族五千年的人本主义文化的影响：民族思想的偏重"实用性"。

前文略述鸦片战争后，清廷最开明有识之士，引入西方物质文明，废科举、设新学制，然仅引入西方文明之果实而不知其基础是科学,又有"中学为体,西学为用"之见,偏重实用技术如前。此后内外战乱者半个世纪。60年代,台湾经济渐起步。1968年,成立"科学委员会",推进科学发展。时值经济进展,注重应用技术,亦势所必然。政府之渐知"购买设备"、"技术转移"之非即是"发展科学",乃近十余年事耳。

本文承何炳棣院士审评鼓励,并承其修正首段,
笔者谨致敬佩与感谢之意
1996年8月
(原载《吴大猷文录》,浙江文艺出版社1999年版)

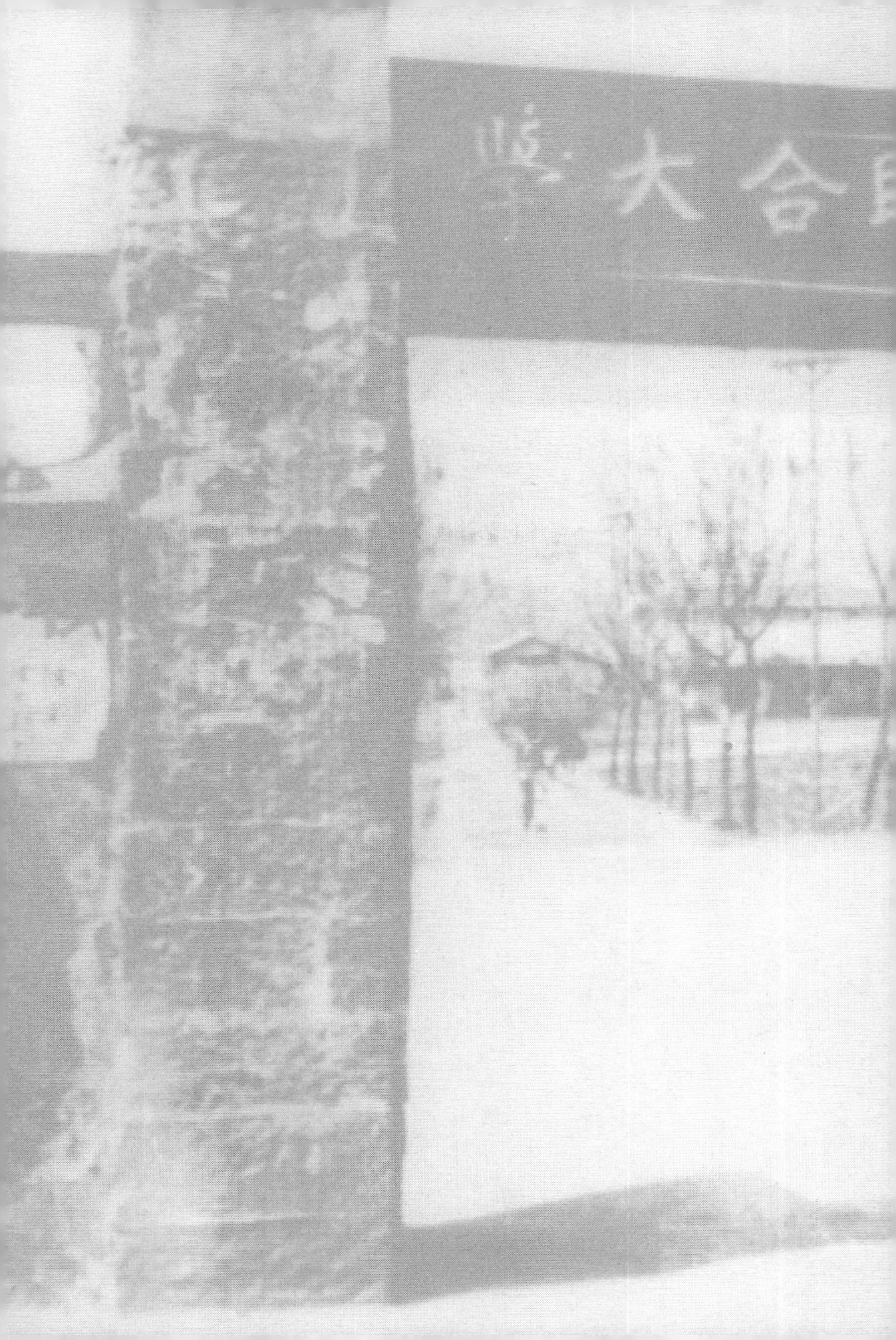
大合

第八篇 永恒的风范
科学巨匠的精神风范四讲

1937—1946

1937—1946

费孝通：曾著《东行日记》重刊后记

民盟中央王健同志转来曾昭抡同志所著1936年由天津《大公报》馆出版的《东行日记》的复制本，并说湖南人民出版社要把这本书收入《现代中国人看世界》丛书，重予出版，叫我写一篇序言。作为曾昭抡同志生前的战友，这个任务我是义不容辞的。写序言则不敢，只能写一篇"后记"，主要是说一说本书作者是怎样一个人。可是事隔半年多，久久下不了笔，直到"年关"在即，出版社派人坐索，我不得不坐下来想一想为什么这篇后记老是写不出来？

说是年来太忙乱，静不下心，这是实话但不是实情，实情是我对曾公（他生前我总是这样称呼他的）是怎样一个人一直不甚了了。可以说：既熟悉，又陌生；既亲切，又隔膜；既敬慕，又常笑他迂阔、怪谲；以致我对他的形象的线条总是不那么鲜明。这又是不是由于我们两人辈分上有长幼之别，他长我十一岁，而存在着"代沟"？是不是由于我们两人专业上有文理之分，他学化学，我学社会学，而存在着"业差"？我想都不尽然。

曾公平时拘谨持重，岸然似老，但一接近他就会感到他那么平易、和蔼，没有半点高高在上的神气。而且他喜和青年人结伴，在从长沙步行到昆明的"长征"队伍里，他和联大的学生混在一起，表面上谁也看不到这里有一位"教授"。我们年龄上确有接近于一个干支的差距，但是我们也说得上是"忘年"之交。专业不相同当然是事实，我所学的化学，尤其是有机化学，早已还了老师。但是他却曾经深入凉山，对彝族社会进行过观察和记录，跟我在瑶山的调查前后相隔不过五六年，怎能说我们在求知的对象上没有相同的领域呢？

其实我和曾公近三十年的往来，实在不是一般人们的友谊，也不是专业上的师从，而是出于在同一时代追求同一理想而走上了相同的道路，用老话来说也许够得上"志同道合"四字，"志同"是我们都爱我们的祖国，要恢复它在国际上的独立地位，"道合"是我们都想从智力开发的路子来达到上述的目标。既然我们志同道合，那么为什么我又不能从他为人处世的具体事实上来说清楚他是怎么样的一个人呢？

我被这个问题困惑着，使我每次动笔要为这本《东行日记》写后记时，总是欲写还止，执笔难下。一天晚上我在电视中《祖国各地》专题介绍某一名山的节目里看到：当镜头从山上俯视取景时，丘壑起伏，田野交错，清晰如画，一览无余；但每当镜头从山下仰视取景时，云雾飞绕，峰岚隐现，缥缈无形，难于刻画。我突然醒悟：识人知心，亦复如是。我写不下这"后记"不正是出于我仰视之故欤？于是我定下心来，细细读了王健同志送来给我参考的文章：王治浩、邢润川在《化学通报》1980年第9期发表的《知名学者、化学家曾昭抡教授》。这篇文章一路把我头脑里储存下的对曾公的许许多多零星杂碎的印象串联了起来，证实了我过去确是没有全面认识清楚我这位曾为同一目标而走过相仿道路的战友。识不清的原因既非"代沟"，又非"业差"，而是我们两人的境界还有高下，曾公之为人为学，我叹不如。超脱陈见，重认老友，似觉有所得，因写此记，附在曾公旧著之后。

我初次见到曾公是在昆明潘光旦先生家里。潘先生介绍说："这位就是和一多一起从长沙徒步三千里走到云南来的曾昭抡先生。"我肃然起敬地注视着这位我心目中的"英雄"。可是出乎我意外的，这句介绍词却并没有引起他面部丝毫的表情，若无其事地和我点了点头，转首就继续和潘先生谈话，絮絮地说着，话不多，没有我所期望的那种好汉气概。我有点茫然，一个传说中敢于不顾生命危险进行炸药试验的勇士，竟有点羞涩到近于妇道的神气。这是我对曾公最早的印象。

曾公和潘先生是一辈，他们都是早年的清华留美学生，老同学，原来一在北大，一在清华执教。抗战时两校和南开在昆明合并为西南联大，他们住到一地，往来也就密了。我是潘先生的学生，常去潘家，因而有机会与曾公接触；特别是抗战后期，我们都对当时国民党抗战不力，一心打内战感到气愤，所以气味相投，先后参加了民主同盟。可是我记不得那时有什么小组生活之类的集会，会上要轮流发言那一套，只是有时不约而同地在哪一家碰了头，谈上半天一晚。闻一多先生一向是激昂慷慨的，而曾公却常常默默地听着，不太做声，有时插上几句话，不是讲什么大道理，而常是具体的建议该做些什么事；凡是要他承担的，他没有推辞过。

尽管我们来往了多年，但是在路上碰到时，他除非有事要和我说，否则经常是熟视无睹，交臂而过，若不相识。起初我不太习惯于他这种似乎不近人情的举止。有一次曾和潘先生谈起，潘先生大笑说："这算什么，曾公的怪事多着哩。"关于曾公的怪癖传说确是不少。比如，有人说，有一次天空阴云密布，他带着伞出门，走了不久，果然开始下雨，而且越下越大，衣服被淋湿了，他仍然提着那把没有打开的伞向前走，直到别人提醒他，才把伞打开。还有一次在家里吃晚饭，他不知怎地，心不在此，竟拿煤铲到锅里去添饭，直到他爱人发现他饭碗里有煤炭，才恍然大悟。至于晚上穿着衣服和鞋袜躺在床上睡觉是常事，而他所穿的鞋，在昆明学生中几乎都知道，是前后见天的。

这些我过去总认为是曾公怪谲之行。但是我也知道，他却是非常关怀别人。他知道同事和学生中有什么困难，解囊相助看作是自己的责任。他总是先想到别人再想到自己，甚至想不到自己。记得1957年反右斗争开始，他先知道我要被划为右派，一次见面，他不仅不和其他有些人一样避我犹恐不及，而很严肃又同情地轻轻同我说："看来会有风浪，形势是严重的。"我在握手中感到一股温情，如同鼓励我说：做着自己认为正当的事是不用害怕的。他在这一场没头没脑的事件中，还是这样关心我。谁料到他竟和我被结在一伙里，被推下水，而没有见到改正就弃世的是他而不是我呢？在他，我相信不会觉得这是遗憾，因为我在那一刹那间感受到他的那种自信正直之心，已透露了他对以后的那段遭遇必然是无动于衷的。

他确是个从不为自己的祸福得失计较的人，名誉地位没有左右过他人生道路上的抉择。早年他在美国麻省理工学院毕业，获得科学博士学位，而且赢得老师的赏识，要留他在本校教学做研究，在科学界中成名成家。但是他没有犹豫，毅然归国。这是1926年，那时国内各大学里设备完全的化学实验室都没有。他宁愿接受十分艰苦的条件，立志为祖国奠定科学的基础。他回国到南京中央大学任教，看到学生从书本上学化学，很少做实验，教师满足于教室里讲化学，黑板上算公式，很少从事研究。他为了扭转这种风气，千方百计地创立化学实验室。1931年转到北京大学当化学系主任，到任三把火，就是添设备、买药品、扩建实验室。中国大学里做实验，搞研究的风气，至少在化学这门学科里可以说是从曾公开始，即使不能这么说，也是因曾公的努力而得到发展的。就是这种学风，使这门学科人才辈出，才有今天的局面。

曾公对科学事业着了迷。没有知道他这样着迷的人会和我早年一样，因为他见面不打招呼，穿着破鞋上门而见怪他。他对化学着迷并非出于私好，而是出于关心祖国的前途。科学落后的情况和因此而带来对祖国的危险，他知道得越深刻，就会觉得自己的责任越重。他一心扑在科研上，科研上的问题占满了他的注意力，走路时见不到熟人，下雨时想不到自己夹着雨伞，盛饭时分不出饭匙和煤铲，睡觉时想不到宽衣脱鞋，这些岂能仅仅列入怪癖的范畴？知道他的人固然也笑他，却是善意和赞叹的笑。

如果回头计算一下，他一生单是在化学这门学科中所做出的创业工作，就会领会到他怎样把生命一寸光阴一寸金地使用的了。开创一门学科，首先要进行这门学科的基本建设。他前后担任中央大学和北京大学的化学系主任，不仅如上所述大力扩建实验室，打下结实的物质基础，而且还紧抓充实图书资料，要把这门学科中前人已有的知识，有系统地引进国内。他亲自动手订购国外有关这学科的重要期刊，凡是不成套的，千方百计地设法补齐。这一点的重要性至今还有些学科的负责人不能理解。这并不足奇，凡是自己没有亲自做过研究的人，不论地位多高，也决不会懂得曾公为什么这样重视期刊。在他看来，这正是重实验、抓研究的先行官。

他对学生的训练是十分严格的。当一个学生快毕业时，就像快出嫁的女儿要学会独立当家一样，必须学会一套自己钻研的本领，所以他在1934年规定了北大化学系学生必须做毕业论文的制度。规定写毕业论文就是要使学生在走出校门之前能学会运用已学得的知识，就专题在教师指导下进行独立的研究。现在我国各大学大多已实行的毕业论文制度可能就是在北大化学系开始的。

曾公所日夜关心的，并不只是自己能教好书，而是要在中国发展化学这门学科，为中国的建设服务。曾公在转到北京大学任教的翌年（1932年），感到当时所有从事化学教学研究和工程的人必须团结起来才有可能发展中国的化学事业，所以他联合了一些同行发起组织中国化学会。他认为学会最重要的工作就是发行学术刊物，学会一成立他就担任《中国化学会会志》（即今《化学学报》的前身）的总编辑，前后达二十年之久。他省吃俭用，衣鞋破烂，别人不明白，当年教授的工资不低，他又无家庭负担，钱花到哪里去了呢？原来这个刊物就是他私人的一项重大负担。究竟为此他花了多少钱，现在谁也算不清了，这数目他从来也没向人说过。他为这刊物花钱有点像父母为孩子交学费那样甘心情愿。他看到化学这门学科在中国逐年成长，心里比什么都感到安慰。

他胸怀全局，总是关心这门学科，要使它能在中国土里成长起来。这可不容易。我记得20年代末在大学里念化学时，用的还是英文课本，老师还得用英语讲授。当时化学元素和化学作用都还没有中文名词。这样下去这门学科在中国是生不了根，结不了果的。早在30年代曾公就关心化学名词的命名和统一。他一直为此努力了二十多年，到1953年，在曾公主持下的一次中国科学院的会议上，才通过一万五千个汉文的化学名词。这是一项艰巨和繁重的工作，他为此花费的时间和精力又有谁能估计得清楚呢？

曾公是个认真负责的教师。他从不按现成的课本宣读，强调自编讲义，跟着这门学科的进展而更新。他一生开讲过的课程颇多，既有通论如"普通化学"、"有机化学"，又有专论如"物理化学"、"有机合成"。他反对填鸭式的方法，着重培养学生结合实际、独立思考的能力。例如早年他讲"有机分析"时，就分给每个学生十个未知化合物和五个未知混合物，让学生按课程进展，自己去分离、鉴定。他亲自教出来的学生，有好几代，其中著名的高分子化学家王葆仁、有机化学家蒋明谦、量子化学家唐敖庆等都是出自他的门下。可是我和他相交几十年，从来没有看到过他对人以老师自居，他是个勤恳的园丁，满园桃李花开，人们见到的是花朵；花朵有知当然不会忘记栽培人的辛劳。曾公在研究和教学工作上，事必亲躬，从来不掠人之美；别人由于他的指导和帮助取得的成绩，他又从不居功。他不抢在人前自耀，又不躲在人后指摘，因为他不是以学科来为自己服务，而是以自己的一生能贡献给学科的创建和发展为满足。他的功绩铸刻在历史的进程里，不是用来在台前招展的。

曾公对化学的爱好和对这门学科的贡献是熟悉他的人都清楚的，但是如果把他看成是个封锁在小天地里的专家，那就贬低了曾公的胸襟了。容许我坦白的说，我早年对他确曾有过这种偏见。但是自从1942年我和他一起去云南西部鸡足山旅行后，我开始注意到他兴趣之广和修养之博。《东行日记》可以作我这种印象的佐证。即以该书十五节对东宝剧场的记述和评论来说，不是个对西方音乐舞蹈有爱好和修养的人是写不出来的。他在这些方面没有表现出他的造就，并不是表明他没有这种才能，只是他的时间和精力顾不到。偶一涉足，还是放出光彩。他旅行凉山回来所发表的社会调查必须肯定是这个地区最早的民族学资料。

一个人的高贵品格不到最困苦的时候别人是不容易赏识的。积雪中才显得青松的高节。曾公一片为国为民的真诚，不蒙明察，竟然在反右斗争中被划成右派，撤销了高教部副部长等职务，受批判，受凌辱，真可说一夜之间，个人的处境翻了一个身。这是常人所难于忍受的，但是曾公却能处之泰然。在他，这一切都不过是工作条件的改变而已。在教育部领导岗位上可以为开发智力作出贡献，撤了职，换个岗位不还是一样能为同一目的出力么？

1958年，他应邀去武汉大学执教，他感觉到的是兴奋和鼓舞，绝不像其他人一样心存贬谪之苦。他高兴的是，他又回到了熟悉的讲台上，能为国家培养这门学科的接班人了。有人称赞他能上能下，能官能民，其实这话用不到曾公的身上。在他，什么是上，什么是下决不在官民之分。凭什么说一个行政领导是高于一个为国家直接创造和传播知识的教师呢？社会地位的上下高低应当决定于一个人在工作上是否称职。

曾公这时已年近花甲，一回到教师的岗位，他的干劲又来了。他立刻成了学生敬爱的老师。他亲自讲课，下实验室，指导学生实验和查阅资料。不管严寒酷暑，不顾风雨霜雪，他每天步行到实验室，而且到得最早，离得最晚。有一次因为天黑，他又高度近视，看不清道路，深夜回家时，撞在树上，碰得血流满脸，但是他毫无怨言，不久就继续上班，若无其事。

曾公受到的考验却还没有结束，不但没有结束，而且更加严酷。到武汉后三年，1961年医生发现他患了癌症。癌症对他发出了在世时间不长的讯息。他的反应是加紧工作，在有限的时间里做出最大可能的成就来。1964年，他向武汉大学领导的思想汇报里，向死神发出了挑战："我虽年老有病，但精力未衰，自信在党的领导下，还能继续为人民服务十年二十年，以至更长的时间。"他这样说，也这样做。他觉得在生命停止之前有责任把中国的化学事业带进世界先进的领域里去。所以在武汉大学他开讲"有机合成"、"元素有机"等专门课程，编写了二百多万字的讲义，而且先后建立了有机硅、有机磷、有机氟、有机硼和元素高分子等科研组。他顶住了癌症的折磨，组织撰写《元素有机化学》丛书，自己执笔写第一册《通论》。当他听到同行一致肯定他这本《通论》是我国第一本元素有机化学方面的成功著作时，他感到的是和死神斗争得到了胜利的喜悦。

患病期间，学校领导让他到北京治疗，他还是坚持每年回校两次，每次三个月，指导教学和科研，自己又写出了几百篇论文，有一百多万字。更感动人的是他在这期间刻苦自学日文，看来他下定决心不完成早年给自己规定的计划是不离开人世的。我在读《东行日记》里就看出那时他已感到不能直接和日本学者对话的苦恼。事隔三十多年，他不考虑这个工具学到了手还能使用多久，竟学会了这种语言。有这种境界的人才够得上是个真正的学者。获取知识，就是认识客观世界，不仅是个手段，也是个目的，因为这不是件个人的事，而是为社会、为后代积累共同的财富，为人类不断发展做出努力。个人在这个意义上应当说是个更大更高的实体的手段，这个实体借着一个个人去完成它自身的发展。从求知之诚上才能看出曾公在死神威胁下决心学通一门过去不能掌握的语言的境界。

历史似乎太无情，正在曾公体力消磨到接近不支的时刻，人为的打击又降到他的精神上。十年动乱一开始就残酷地夺去了他夫人的生命。这是1966年9—10月间的事。曾公当时所受的折磨,我实在不忍再去打听,也没有人愿意再告诉我。让这些没有必要留给我们子孙知道的事,在历史的尘灰中埋没了吧。但是我想不应当埋没的是像曾公这样一个人,中国学术界最杰出的人才,在他一生奋斗的最后一刻,必然会留下令人怀念的高风亮节。这些只能让最后和他一起的朋友们去写了。曾公是1967年12月8日在武汉逝世的,后于潘光旦先生的逝世大约半年。哲人其萎,我有何言。

读曾公的旧著,想见其为人。"高山仰止,景行行止",义在斯乎?写后记以自勉焉。

1984年1月30日

(原载曾昭抡:《东行日记》,湖南人民出版社1984年版)

1902—2002

顾毓琇：纪念吴有训先生

近接江西省高安市来信，欣悉吴有训纪念馆及科技城即将筹建，并拟在 1997 年 11 月举行开馆典礼，以纪念吴先生一百周年诞辰。本人与吴先生相识有年，且曾在清华大学同事，特草此文，以申景仰。

吴有训先生（1897—1977 年），1920 年南京高等师范学校毕业。1921 年赴美国芝加哥大学深造，受教于康普敦［康普敦（Arthur Holly Compton，1892—1962 年），美国著名的物理学家、"康普敦效应"的发现者。1913 年在伍斯特学院以最优成绩毕业，并成为普林斯顿大学的研究生，1916 年获博士学位，随后在明尼苏达大学任教。1920 年起任圣路易斯华盛顿大学物理系主任，1923 年起任芝加哥大学物理系教授，1945 年在华盛顿大学任校长，1953 年起改任自然科学史教授，直到 1961 年退休］教授。吴先生用精湛的实验技术，证实康普敦效应。Compton 在 1927 年得诺贝尔物理学奖，即根据于吴有训博士论文的实验结果。1926 年吴先生得到物理哲学博士学位。回国后，在江西大学及中央大学物理系任教。1928—1937 年担任清华大学物理系教授，1929 年兼物理系主任，1937 年兼理学院院长。抗日战争期间，清华、北大及南开合组长沙临时大学，后迁昆明成立西南联合大学，吴先生担任联大理学院院长。1945—1948 年担任中央大学校长，负责将中大由重庆迁回南京，厥功甚伟。1948 年当选为中央研究院院士。后因劳辞职，赴美休养。新中国成立以后，先生返国。1949—1950 年担任交通大学校务委员会主任。1950—1977 年历任华东军政委员会教育部长，中国科学院数学、物理化学部主任，中国科学院副院长，同时当选中国物理学会理事长、中国科协副主席、政务院文教委员会副主任、全国人大常务委员会委员、全国政协常务委员会委员。

吴先生担任清华物理系主任、理学院院长及西南联大理学院院长时，与叶企孙先生关系密切。

叶企孙先生（1898—1977 年）1918 年毕业于清华学校，后公费赴美。1918—1920 年在芝加哥大学物理系，得理学学士。后转赴哈佛大学深造，攻实验物理。1921 年在 W. Duane 教授指导下，与 H. H. Palmer 合作，精密测定普朗克常数 h 为 $6.552 \neq 0.009 \times 10^{-27}$ 尔格秒。1986 年，此常数标准值重新测定为 $6.6260755 \times 10^{-27}$ 尔格秒。1922 年叶先生转到布里奇曼（P. W. Bridgman）教授指导下，做出博士论文 *The Effect of Hydrostatic Pressure on the Magnetic Permeability of Iron, Cobalt and Nickel*。后发表在 *Proc. American Academy*（Vol. 60，P. 503，1925）。此论文经任之恭教授发现后，现印入《一代师表叶企孙》一书内。布里奇曼教授于 1946 年获诺贝尔物理学奖。本人亦曾于 1926 年从布氏习电磁学。

1924 年，叶先生应东南大学之聘，任物理系副教授，1925 年赴清华任教（梅贻琦时任物理系教授，后任校长），同时应聘至清华任教的有助教赵忠尧、施汝为及何增禄。1926年，叶先生升物理系教授兼系主任。1928年清华学校改建为清华大学，罗家伦任校长，后任中央大学校长。这时，叶企孙聘吴有训及萨本栋（后任厦门大学校长）为教授。1945年萨先生及本人当选Fellow AIEE。1961年本人又当选 IRE Fellow，现为Fellow IEEE，1972年获IEEE Lamme Medal。

1929年，清华理学院成立，叶先生任院长，并创设理科研究所，下设算学部、物理学部、化学部及生物学部，开始招收研究生。是年，加聘周培源（后任北大校长）为教授。叶先生主持理学院时，从东南大学调聘大量教师，如算学系的熊迪之（后任云南大学校长）、孙光远及杨武之（杨振宁之父）、化学系的张子高、生物系的陈桢等教授。

1929年清华物理系第一届本科毕业生共四名：王淦昌、施士元、周同庆及钟问。王淦昌赴德深造，回国后任教浙江大学，新中国成立后领导原子弹及氢弹之制造，至今健在。施士元赴法深造，为居里夫人之及门弟子，返国后任教中央大学，我国杰出女物理学家吴健雄教授（曾任美国物理学会会长）为其高足。

1932年2月，梅贻琦先生担任清华大学校长，不久即决定下学年增设电机工程系及机械工程系，与原有之土木工程系合组工学院。同年秋，梅校长自兼工学院院长。1932年至1937年，本人接任工学院院长。施嘉炀继任土木系主任，休假时曾赴德国访问黄河问题专家，拟请来华讲学，因年老未成。庄前鼎担任机械系主任，不久即聘王士倬担任航空工程教授，自建五英尺口径的实验风洞，后请航空权威冯·卡门博士为名誉教授，冯·卡门派其高足华敦德来清华任教，并在南昌建造十五英尺口径的实验风洞，由张捷迁协助，几至完成，抗战时被日机炸毁。工学院还成立了航空工程研究所及无线电研究所，由本人兼任所长，得到航空委员会及资源委员会资助。无线电研究所购得真空管制造设备，初迁汉口，继迁北碚，后迁昆明。任之恭教授继任所长，由孟昭英教授协助。

为抗日战争需要，机械系及化学系师生合制防毒面具。第一批八千具为军委会北平分会所定制。第二批一万具，送交绥远省主席傅作义。后百灵庙大捷，本人曾亲赴绥远劳军。

1936年清华算学系聘请法国数学家 Dr. Jacques Hadamard（世界数学会会长）讲学，电机系聘请麻省理工学院（MIT）名数学家 Dr. Norbert Wiener（后任美国数学会会长）讲学，并与李郁荣教授（Dr. Y. W. Lee）合作研究。1950年后，本人研究非线性系统控制论，与 Wiener 著作有关。

抗战开始，本人应征赴教育部任职，乃向蒋梦麟、梅贻琦两校长请假核准。不意抗战持久，本人在教育部服务六年过程中虽对西南联大及清华母校十分关心，但无法分身。幸梅贻琦校长苦心经营主持，理学院由吴有训负责，工学院由施嘉炀负责，且成立航空工程系。无线电研究所由任之恭负责；复员后成立无线电系，由孟昭英负责。电机系1933年至1937年由倪俊担任主任，长沙临大时由赵友民继任。总之，无论在清华及联大，理工两院合作无间，因此造就许多人才。联大数学系有陈省身及华罗庚两位杰出教授，物理系产生了杨振宁及李政道，后在1957年得诺贝尔物理学奖。

抗日战争胜利后，清华迁回北京，增设了建筑系，由梁思成主持，后扩充为建筑学院。1952年10月，全国高等学校院系调整，清华的文、法、理学院并入北大，损失甚大。叶先生在北大任物理系金属物理及磁学研究室主任，创办北大磁学专业。文学院冯友兰（芝生）、法学院陈岱孙、理学院周培源、黄子卿等均调北大。周培源先生为中国学人以理论物理做博士论文的首创（同时有王守竞先生，任教浙大及北大），除理论物理（相对论）外，还从事流体力学的创造性研究，由此引起物理系毕业生林家翘及钱伟长等的转向流体力学而有成就。1946年周先生与本人当选国际理论及应用力学组织（IUTAM）个人理事。本人连任至1996年，达五十年。

以中央大学而论，院系调整后，文理两院成立南京大学（包括金陵大学），工学院成立南京工学院，陈章老教授曾任中央大学工学院院长，后为南京工学院元老，厥功甚伟。新近南京工学院升格为东南大学，本人幸得为名誉教授，不胜荣幸。1992年，曾到南京与陈老一同庆祝东南大学九十周年校庆。

1944年至1945年，本人担任中央大学校长；1945年至1948年，吴有训先生接任中央大学校长。因此，本人与吴先生不特为清华同事，且为中央大学前后任校长，因缘殊胜。

吴有训先生为东南大学杰出校友，清华大学及西南联大杰出教授，为中国物理学泰斗，教育界领导。敬题数字，以纪念吴有训教授百龄仙寿：

物理泰斗　典范长存

顾毓琇

1996 年 5 月 1 日

（原载《顾毓琇全集》第 8 卷，辽宁教育出版社 2000 年版）

1912—2010

钱伟长：怀念我的老师
　　　　叶企孙教授（节选）

在 30 年代，清华大学物理系在叶企孙和吴有训老师的领导下得到很快发展，1928 年聘到了萨本栋教授（后来任厦门大学校长），在 1929 年聘到了周培源教授，1934 年聘到了任之恭教授，1935 年聘到了霍秉权教授（之后任河南大学校长），所有教授都重视科研工作，更重视实验室工作，对同学的教学实验都非常重视，同学经常要从借用仪器设备开始，独立自主地按指示书安排实验。同学从实验得到的训练，远远超过在助教安排好的实验桌上做一些测定工作的实验课上所得到的训练。教师们除了指导学生上实验课外，都有自己的实验科研课题，日以继夜地在进行工作。当时，赵忠尧教授和一位助教傅承义，在铅砖围着的实验台上用自制盖革-谬勒计数器研究伽马射线，我们都学会了制造和使用盖革-谬勒计数器，在当时是研究放射性的必要工具；吴有训教授在余瑞璜讲师协助下在研究 X 射线衍射现象，所有电源、衍射设备和结晶等都是实验室自制的；周培源教授研究步枪子弹弹道的测定；萨本栋教授用并矢研究线路问题；任之恭教授研究二极管的特性和一些电真空问题；叶企孙教授研究测定气体的状态方程和临界状态的测定以及原子光谱的磁场影响即塞曼效应等。所有这些在当时都是物理学的前沿热点问题，老师们的行为给学生们树立了很好的榜样，我们也都重视实验为基础的科研活动。例如，我和同学顾汉章自大三第二学期起就在叶企孙教授指点下从事北平大气电的测定研究，克服困难，自己设计仪器，自己动手制作仪器，曾和北平每日天气的变化联系起来，连续九个月日以继夜二十四小时测定了大气电的强度，有不少天，叶企孙教授亲自参加和研究各种各样的具体困难问题，有时和我们一起工作到清晨。这一工作就是我们的大学学士学位论文，论文长达二百页，图表七十余幅，曾在 1935 年青岛召开的中国物理学会上宣读，可惜顾汉章同学积劳成疾，从青岛返校后不多天就病故了。叶先生对此深为痛惜，以后经常告诫我们不要开夜车。又例如，叶老师曾建议熊大缜（清华学生，我的同班同学）研究红内（注：今称红外）摄影。但那时红内线敏感的胶卷还是国际上的保密技术，国内工业落后，这一方面也毫无信息和人才，而熊大缜则是一位多才多艺的青年，在一无资金、二无技术的条件下，在叶老师的鼓励下，用谁也想不到的道路经过两年的时间就搞了出来。小熊（那时同学们都这样称呼他）在大学机械馆东南角跨进小桥的学校侧门口开了一个照相铺，叫作"清华照相馆"，小熊自称是老板，向物理系借了一架莱卡照相机和一些洗印放大器械作为设备基础，许多同学都去照相和印相片，生意兴隆，不出一年就挣了不少钱，用这些钱，逐步买进了新设备，还清了原向清华借用的实验室设备。他用所掌握的洗印经验，在 1936 年还为吴有训和余瑞璜的 X 光实验室，设计了当年在国内少见的大型连续冲洗暗室。利用这些设备，他从物理系光谱实验室、X 射线衍射照相的胶卷中摸出了国外红内敏感的胶卷涂层化学材料，就用国内的化学试剂复制了这种材料。也许性能还不够稳定，颗粒可能较大，但小熊能在京西香山鬼见愁顶上用这种粗制的胶卷，在深夜照出了整个清华大学的俯视夜间全景，大礼堂气象台历历在目。以后，也在鬼见愁顶上照过北平城的夜间全景。这时我们才理解到红内照相技术的国防意义，当然在当时国民党统治的环境下，熊大缜和叶老师的努力，不可能有什么实质效果。但是对我们这些年轻人而言，建立了民族自尊心，在以后一辈子的实践中，更证明虽然我们深知工业先进的国家有先进的技术，但绝不说明中国人不行，只说明社会组织的落后，阻碍了中国人的才智不能得到应有的发挥。清华当年从无到有能在短短一段时间崛起发展，不能不说叶老师在建立理学院的过程中，提倡实验实践起了很大的作用。在化学系、生物系、地学系（**包括气象学**）、心理系都很重视实验和实践，从而培养了许多到现在还很有名的科学家。

在物理系内，在叶企孙、吴有训老师的倡导下，鼓励自学，鼓励在学术问题上自由争论，鼓励选读化学、数学，甚至于机械、电机、航空等外系课。系内学术空气浓厚，师生打成一片，学术讨论"无时不在也无地不在"，有时为一个学术问题从课堂上争到课堂下。系里经常有学术研讨会，有时还有欧美著名学者短期讲学，学术访问。如欧洲著名物理学家玻尔（N. H. D. Bohr）、英国学者狄拉克（D. A. M. Dirac）、法国学者朗之万（Paul Langevin）、美国信息论创始人维纳（N. Wiener）和欧洲航空权威冯·卡门（Th. Von Kármán）等都在1934—1937年间在清华讲过学，使同学们接触到世界上科学发展第一线的问题和观点：从玻尔原子模型观点引发了核外电子间的相互作用，从狄拉克的正电子假设联系到赵忠尧教授的伽马射线实验结果的理论假说问题，从维纳的信息论看到了科学的交叉发展问题，从冯·卡门的湍流方程问题引起对流体力学湍流问题本质的讨论等。从而使一群年轻学者间引发更热烈的争论和探索，在这样环境中成长着我国新一代的物理学者，如王竹溪、彭桓武、张宗燧、葛庭燧、王大珩、钱三强、何泽慧、胡宁、郁中正（现名于光远）、赵九章、傅承义、陈芳允、李整武、余瑞璜。还有早期的王淦昌、龚祖同，数学系的华罗庚、段学复，化学系的张青莲、陈新民、汪德熙、陈冠荣，地球物理系的翁文波等都是之后的中国科学院学部委员；还有林家翘、戴振铎、陈省身等都是美国科学院的院士，教师中像叶、吴、周、赵以及孟昭英，化学系的黄子卿，数学系的熊庆来，地质系的冯景兰教授等都是之后的老一辈学部委员。那时的清华理学院，尤其是物理系可以说是盛极一时。我就是在这样的环境下，得到了终身难忘的良好教育，而这种教育的缔造者应该说是叶企孙老师。

物理系那时课程不多，但都是精选的重点课，四年中一共只学了大学普通物理、理论力学、热学热力学、电磁学、光学和声学、电动力学、量子力学、统计力学、近代物理、原子物理、相对论和无线电学等十二门课，每学期只有一两门主干物理课，每课讲得不多，但每堂课一开始就公布指定自学材料的书名和章节，这些自学材料在学生图书馆阅览室借书台上用很简便的手续可以随时借阅，只用借书证抵押就能借用一个单位，限在阅览室中阅读。像赵忠尧教授讲的电磁学，一学期四十五学时讲课，教本是阿达姆著的《电磁学》，还要求我们自学了路易斯编的工学院直流电机和交流电机两本教材的主要部分。各位老师讲课都很精彩，多数人并不按教材讲，而按逻辑和发展历史讲，一般都能启发我们思考问题、争论问题，使科学的精髓深入学生思想，经过自由争论，都变成了自己的东西，终身不忘。尤其像热力学、量子论、相对论、量子力学、近代物理等课中，涉及光速和光源运动的关系、迈克尔逊实验的发展、黑体辐射、量子概念、物质放射性、玻尔原子模型、跃迁的选择定律、热力学第二定律和熵的概念的发展，都是叶企孙和吴有训老师特别反复重视从历史发展和实验上讲解的内容。吴、叶两位老师都重视学生选修化学系和数学系的主干课，在叶老师的鼓励下，我就全面学习了定性和定量分析、有机化学和物理化学等四门化学课和全部化学实验课，也选修了数学系熊庆来、杨武之教授开设的高等分析、近世代数、集合论、群论、微分几何等课，叶老师等还鼓励我们去听机械系和电机系、航空系的主干课。在这四年中，在叶企孙老师的直接指导下，我在数学、物理、化学和工程方面建立了较为广宽的基础，而且学到了一整套自学的科学方法并树立了严肃的科学学风，为我一辈子的科研教学工作打下了一个坚实的基础。而不少清华大学的青年学子就是在叶老师等教授的组织安排的环境中打入科学的殿堂的。

叶老师和青年学生关系密切，叶老师长期居住北院七号，晚间经常是年轻学生造访和论谈的场所，叶老师一辈子独身，身边只有一位能干的周师傅，既是司机，又是管家。叶老师经常和各班的一些青年建立了友谊，熊大缜就是我们那几班中和叶师关系比较密切的一员，在四年级起到毕业后留在学校当助教，到1937年卢沟桥抗日战争开始为止，一直和叶老师住在北院。从五四运动以后，清华的学生运动接连不断，叶老师的家中，也是年轻人议论这些事情的场所，叶老师总是抱着同情的心情参加议论。尤其在"一二·九"运动期间，有几次反动军警包围搜捕清华学生时，有不少学生领袖就曾躲藏在叶老师的北院七号家中，殷大钧和何凤元和叶老师就很熟悉。在喜峰口1932年刘汝明抗击日寇后，清华学生曾分三批去喜峰口慰劳前线将士，就是由何凤元去叶老师家请求学校支持交通工具，那次我也在场，当叶老师听说物理系有好些学生参加时，不仅即时和梅校长交涉，学校每次出大客车三辆，而且叶老师主动让他的司机周师傅，驾着叶老师的私人车给慰劳团使用，叶老师还要亲自参加慰劳团。后经大家劝阻才同意不去的，但在第三批出发时他还是参加了，而且一直到了喜峰口外潵河桥前线（现在河北省迁西县境内）。1936年，傅作义部下的绥远百灵庙（现呼和浩特、二连之间）击败日本侵略军大捷，清华师生曾发起慰问前线将士，叶老师发起教师捐款，家属把自用缝纫机组织起来制作棉衣和伤病员的卫生疗养用品，送往百灵庙前线，这些活动也是在叶老师的家中聚会时谈出来的。

1936年2月，北京反动军警曾在某日早晨，包围学生宿舍，按告密名单搜捕地下党的领导成员，该时地下党书记牛佩琮（*之后曾任全国农业生产资料供销社主任*）和我住一屋，当反动军警推开新斋四〇五房间时，牛佩琮已起床在盥洗室洗脸，不在室内，由我缠着军警，牛则闻声逃出新斋，到附近北院叶老师住宅中换了周师傅的衣服，由北院后边牛奶场溜出了学校，从此再未返校。在"一二·九"运动开始后不久，清华学生抗日救国会曾组织自行车南下宣传队，一行二十二人（*其中有历史系女同学吴翰一人*），自1935年12月24日清晨6时离校，经过天津、济南、徐州、蚌埠，而于1月13日抵南京，在1月15日在南京中央大旅社和中央大学等散发反蒋传单，全体被捕，押解郑州，逐放北返。在出发前当叶老师知道我参加这一队伍，而且还有六名物理系学生（*其中有戴振铎，现为美国科学院院士*）和四名化学系学生参加后，即派熊大缜来补充我的行装，动员1936级物理系同学杨龙生把他的加强的新自行车借给我，换下了我的破车，熊把自己的皮夹克借给了我御寒，而且给我们从学校所存军毯中每人配备一条。出发的早晨他和梅校长都在大礼堂前送行。后来我们知道，他还派青年体育教师张龄佳在天津、济南、徐州等地为我们打前站，疏通当地当局，给我们放行，在南京被捕后，也是他动员南京中央研究院物理研究所所长丁西林（*之后曾任中央人民政府文化部部长*）等出面交涉，才以押解至郑州，放逐北返了事。

在叶老师的客厅内谈得最多的还是有关学术和科学技术的国际动态和国家的需要，在他书房和客厅里，桌上、地板上到处是一堆堆的书。他经常阅读英国出版的《自然》(*Nature*)杂志，了解科学技术最新发展的报道，从而引导我们的注意和议论，但他更重视我们国家在当时的缺门，他讲出了这种缺门学科对我国发展的重要性，鼓励我们将来去补缺。我现在记得，他很重视海洋学、地震、地球物理、地质板块学说、航空和高速空气动力学、湍流、金属学、金相热处理、无线电和电真空、气象学、大地测量、水文学、信息论、天文和天文望远镜、矿物学、潮汐和海浪、酶和蛋白质、生物化学、遗传学和物种变异、植物保护、森林和沙漠、地下水等无穷无尽的科学技术问题。他那时还是留美公费生的考选委员会的主任和留英公费生考选委员会的重要成员，每年都按学科派选公费生去攻读博士学位。选考的学科显然和叶老师经常在客厅内的谈话的方面有许多是一致的。他动员了王大珩、龚祖同去英国学玻璃工业技术，傅承义去美国学习地震，赫崇本去美国圣地亚哥学习海洋学，赵九章（*去德国*）学习海洋动力和海浪，涂长望去英国学习气象，钱临照去英国学习金属物理，王遵明去美国学习铸工和热处理等，数不清的名单。他不仅动员着清华大学的毕业生，而且也动员着像钱临照（*东北大学物理系助教*）和涂长望等非清华的毕业生。在 20 世纪 30 年代，有不少青年在他的指导下出国学了许多那时我国还很生疏的学科,返国后特别在新中国成立后成为我国不少学科的创始人。叶企孙老师在20世纪前半叶在建立以科研教学并重的清华大学理、工、农各学院各系,通过公开考试选派留美留英公费生,为我国科学事业的建设作出了重要贡献,实在是功不可没的。

叶老师也非常重视科技图书资料的收集。不论谁从欧洲返国,或访问欧洲,一定希望他去瑞士文化科技城市苏黎世旧书铺看看有没有19世纪下半叶到20世纪前半叶之间著名科学家的专著、全集、选集和历年过期的有名科技学报、期刊,并代为校系收买。这样清华大学图书馆在1922年到1937年间曾收集了大量这类名贵图书资料,这对清华大学的科学研究和学风建立起了推进的作用。这些图书在1936年日寇侵入华北前夕,在叶老师等人组织计划下曾全部装箱四五百箱,运到重庆,藏在重庆市内山洞中,胜利后又运回清华,到现在除一部分农业、地质书籍分存北京农大、地质大学外,其余大部分仍留在清华,这是我国较重要的一部分科技图书资料,而且有不少是国内独一无二的,如法兰西科学院院报、德国物理学时报、英国皇家学会汇刊等都是从1840年前后开始的,还有欧拉、拉普拉斯、斯托克斯等人的全集等都是非常少见的科技文献善本。

叶老师口才不好,而且口吃,还带有上海音,但讲课的逻辑性很强,层次分明,讲物理概念的发展和形成过程特别深入,引人入胜。叶老师不论在学校的行政工作多么繁忙,但每学期都要讲一门课,我在四年中就听过叶老师讲的热学和热力学、光学、声学和近代物理。他在其他班级中还讲过物性学、量子论、原子光谱学等课。在 1939 年春季我从北京到达昆明西南联大时，叶老师因为要到重庆接任中央研究院总干事，他把物理系二年级的热力学讲课任务交给了我，我在 1933 年听过叶老师的热学热力学的课，自以为学得还不错，满口应承了下来，他同时也交给我有关五堂课的讲课（业已讲过两堂）笔记，以便接课方便。但在叶老师离滇后，我仔细按叶老师的笔记备课时，发现讲的基本原理虽然还是熟知的热力学的第一、第二定律，但所引实例完全是有关金属学的热力学性质，这是我始料所不及的。我在 1933 年学热力学时，所有的实例都是气体定律方面的，如理想气体定律、范德瓦耳斯方程、临界状态和气体的热力学函数等，这是反映了 30 年代前期，气体状态问题、蒸汽动力问题是当时工业中的热点问题，所以，不论在物理系的热力学、机械系的热工学，或是化学系物理化学中，都重点讲气体问题。但在 30 年代后期，由于第二次世界大战的来临，金属学发展很快，金属的热力学性质有了长足的进展，虽然热力学作为基本物理定理，没有太大变化，但其应用重点业已转到金属学方面去了。叶老师博览群书，他把金属学学术期刊上的最新发展中利用热力学定律的富有成效的部分，吸收入了讲稿。叶老师这份不到十页的讲稿，对我教育很深，体会到做好一个大学教授很不容易，每年虽然讲同一门课，但应该随着时代改变其基本理论的应用范围，使一门基础课一定要跟上科学发展的时代步伐，经常阅读大量有关科技的国际期刊，消化吸收到教材中去，才算尽了教授的讲课责任。

这使我一辈子有了讲课的指导原则。我在后来讲过十年的理论力学和材料力学，经常结合各门工程的最新发展，讲许多新的实际问题，就是继承了叶师的这一精神。我后来听过不少知名大师教授的讲课，也都是这样的。使我更加深信，做好一个大学教授的基本条件，不仅是写出一本教材，而是在于能不断吸收国际上的科技新发展来更新和丰富讲课内容，基础课要如此，专业课更需如此，进一步使我渐渐鄙视那种一本教科书讲三十年不变的教学方式。

全面抗日战争自1937年7月7日开始后，清华分校决定在长沙开学，清华师生不断自天津南逃离开北平，但在北平城里有家属的师生还有不少由于种种困难，并未离北平。清华校内也还有不少贵重的东西，如国内独一无二的一批放射性镭，和一些贵重的小型设备，尚待设法南运。学校就让叶老师留北平主持其事，并设法解决南下师生困难，特别是提供旅费资助。11月以前叶老师住在东交民巷六国饭店，那时我住叔父在北平的家里，叔父家幼小堂弟妹多人，藏书很多，而且在上海战争开始，南京陷落后，返老家之路亦断，亦暂住北平。那时我在稀有元素的光谱分析工作上有较大进展，这一工作是叶老师指导的，我还每星期到六国饭店找叶老师讨论分析光谱线中遇到的各种问题。到11月中，叶老师还建议我和抱病（结核）留北平的葛庭燧在张子高教授管理的国家编译局支持下，翻译那时新出的葛氏原子核物理学，用翻译报酬支持生活和葛庭燧养病之用。到12月叶老师和熊大缜忽然到我家，要求在我家存放一批干电池和电阻电容，并由熊告诉我，他现已正式在任丘的吕正操部下建立冀中区，这是该区极需的后勤用品，不几日又在家商议如何购买西什库大街一家干电池厂的全部器材问题，后来发现该厂仅有的两个工人都是任丘人，他们也正想回家，好容易花了两千多元就买了下来，运到西四北大街存在一家古玩铺里。后来有人和这两个任丘人一起偷运到了冀中。那年年底，又用叶老师的钱买了一台手动的台式压床，年后叶老师就离北平去天津，在津住在英租界戈登路清华同学会，1938年2月间曾托人让我去找汪德熙，动员他去冀中区指导制造火药，汪德熙知道这是叶老师的意见，当即同意去冀中，估计半年可以完成，约好秋后在津会合，同去南方，同年3月我也离北平去天津清华同学会，在天津见到了化学系研究生同学林风，还有何汝辑、祝懿德等人。熊大缜经常来津，才知道叶老师用他自己的积蓄和清华大学留在北方支援滞留平津的教师南去的经费，通过熊大缜支持冀中区，已有不少清华的同学、教师和职工去了冀中区，在天津的那些同学也都在叶老师支持下做冀中的技术后勤工作。在日益增加的后勤要求下，叶老师的财源业已山尽水绝，不得已叶老师在10月亲自离津南去筹资。12月汪德熙来津会合，和同学苏良赫和刘好治四人同船离津经港去昆明。到昆明后才知道熊大缜已被冀中区误会为国民党特务而被捕。后来叶老师接受中央研究院总干事的职务到重庆去，亦是为了有机会在重庆见到八路军办事处的领导，以便反映真实情况，谋求营救熊大缜，后来知道熊大缜已遭处决，叶老师在新中国成立后还几次通过组织，要求给熊大缜平反。在"文化大革命"中，叶老师也以此案株连被捕。后在1976年释放返北大，仍以熊案为念，一年后辞世。约在70年代后期，我在人大会堂召开的蔡元培百年周年纪念会上收到的一本高平叔同志编的蔡元培年谱上，见到有关叶老师自津南下在港停留期间曾访问蔡元培，并为支援冀中区抗日游击根据地事请蔡转求宋庆龄副主席帮助。这一点就足以证明熊大缜通过叶老师得到的资助绝不会来自反动派。为了得到更明确的证明，我曾写信给曾和宋庆龄副主席熟悉的廖梦醒同志，请她查明在港期间，宋副主席是否曾见过叶老师的信，是否谈过支援冀中区的问题，后由廖梦醒同志转来宋副主席办公室同志正式来函确证此事属实。我曾以此和何成钧、钱俊瑞同志和钱临照教授商量后，把廖梦醒同志的来信和我的说明书转到党中央有关部门。约三年后，中共河北省委正式为熊大缜平反，亦足以告慰叶老师在天之灵了。从上所述，足以说明叶企孙教授对我国教育科学事业的伟大功绩，为我国培养了大批科学事业的奠基人（包括40年代的联大学生朱光亚同志等）。叶企孙教授也是一位伟大的爱国者，他的一生是一个新中国成立前出生的现代中国知识分子为爱国事业尽了应尽的责任的一生。

（原载钱伟长主编：《一代师表叶企孙》，上海科学技术出版社1995年版）

陈省身：我与华罗庚

我与华先生有过多年的交情，第一次见面就在清华园，是1931年秋天开学的时候，到现在有七十年了。七十年之间，我们有时在同一个系，我们始终有不断的联系。他比我大不到一岁，是1910年生的。

想起我们最初在一起，1931年他来清华的时候，只是初中毕业的学生，他的数学论文引起大家的注意。清华是很例外的，不但找他来，并且给他一个职位，这在当时大学里是很少有的事情。因为他的学历的关系，刚来时名义是助理员。那时数学系叫算学系，后来改为数学系。一年以前，我是算学系的助教。算学系的办公室就在工字厅走道的地方，两边各有两间房间，一共四间房间。有一边是熊庆来先生，他是主任，我在另外一个地方也有张桌子，是他的助教。外头一间有两张桌子，是周鸿经先生和唐培经先生的办公桌。1931年罗庚到清华的时候，我已改为研究生，是学生了，他就做助理员，就用我这张桌子，所以我们的关系是先后的关系。

罗庚是一个很好的数学家，所以他不需要一般的数学训练。他很快就跟所有的人，所有的研究生，甚至于教员，可以在同一个阶段讨论数学问题。他虽然名义是助理员，却等于是个研究生，我也是研究生，我们时常来往，上同样的课，那是很愉快的一段学生生活。

我想提出来的是，清华在那个时期，算学系是很小的一个系，但是对于中国算学的发展有相当的影响，甚至于可以说是中国数学史上相当有意义的一章。除了华先生之外，我们当时同学之中有庄圻泰、施祥林（*后来庄圻泰是北大教授，施祥林是南京大学教授*），还有同学曾担任南开大学教授。清华在那时这么小的规模之中，也产生了相当一群人，对于中国的数学有些影响。清华后来有较大的发展，所以请了外国教授。那时请外国教授不是来开个会，吃吃饭，拿几个透明胶片展示一下。那时是在清华园住一年。法国数学家阿达马（Jacques-Solomon Hadamard）是国际上很有名的数学家，还有美国的维纳（Norbert Wiener），都是在清华园里头住下来，讲课。现在要做到这种样子的安排不见得很容易了。所以清华园规模虽小，却能够对中国的数学发展产生一些作用。

1934年我研究生毕业了，离开了清华，到德国去念书。罗庚是1936年出国的，他到英国剑桥大学，跟随英国的大数学家哈代（Godfrey Harold Hardy）。他出国是坐西伯利亚铁路的火车从北京到柏林。我就在汉堡，也在德国，所以我们1936年夏天在柏林相会。刚巧那一年奥运会在柏林举行，希特勒在台上。也很有意思，一百米、二百米跑得最快的是黑人，对希特勒是个打击。很遗憾，中国的运动员在1936年柏林第十一届奥运会的成绩不大好，最有名的是游泳的杨秀琼，她游泳有相当的成绩，不过我记得没有得什么锦标。中国地位最高的是符保卢的撑竿跳，不过也没有得到任何奖牌。相比之下，我们的国家现在长进了不知多少，现在中国运动员在奥运会有很光荣的成绩。想起来，数学也有这个潜力的，不过数学需要的时间长一点。罗庚和我在柏林见面，也看看运动会，一起谈了很多。

1936年柏林奥运会之后，我到了英国剑桥，自然跟罗庚在一起。他那时的工作是关于解析数论，解析数论最重要的方法是circle method，也就是圆法。很奇怪，数论是讨论整数的性质，但是要研究整数的深刻的性质，却需要复变数。复变数跟素数的关系是很神妙的问题，罗庚做了很多工作，有他自己的贡献。他用圆法做华林问题，做塔里问题。关于圆法，很重要的一个人是印度的天才数学家拉马努金（Srinivasa Aaiyangar Ramanujan），第一篇文章就是哈代跟拉马努金的文章。后来很大的一个进展是苏联的数学家维诺格拉多夫（Иван Матвеевич Виноградов）做出的。罗庚对于维诺格拉多夫的方法有很多的整理，有很多的进展。他自己的一个很重要的贡献是关于三角和的一个估计。我想罗庚在剑桥的一段，1936年到1938年，是他在数学上有最深刻贡献的时候。关于解析数论，他的贡献非常之多。

1938年他回国，那时候抗日战争已经开始了。北京大学、清华大学、南开大学在昆明组成为西南联合大学。他是清华的教授，因此也是西南联合大学的一分子。我们现在喜欢讲设备不够，或者支持不够。其实，我们那时候什么都没有，甚至于本来有的书都装在箱子里头，也不知道什么时候需要再搬，所以图书馆的先生们都不愿意打开箱子。可是在那种情况之下，在昆明西南联合大学，大家的情绪很好，精神很好，有很多很好的朋友。例如，我们跟物理系的王竹溪先生有一个讨论班，我想那是 1940 年的光景。那时候西南联合大学的数学系出了几个很好的学生，如王宪钟、钟开莱、严志达、王浩、吴光磊。所以，假使有人，有这种精神，即使环境差一点，也还是可以做很多工作的。

1938 年到 1943 年，跟罗庚在一起大概有五年的光景。刚到昆明的时候，去了一群人，没有地方住啊。因为原来学校不在那个地方，所以我们借了中学的房子，那个中学很慷慨，拨出一些房子让西南联大的人暂住。所以教授们像华罗庚、我，还有王信忠先生（他是日本史的专家），三个人住一个房间。每人一张床，一张书桌，一个书架，一把椅子，房子摆得相当挤了，不过生活很有意思，三个人一清早没有起床就开玩笑。虽然物质上艰苦，但是生活也很有意思。现在大家希望物质不断进步，我想苦中也有乐。

1943 年夏天，我去了美国普林斯顿高等研究院，罗庚在昆明，我们时常通信。抗战胜利了，国家渐渐复元，我知道他有许多社会活动。1946 年，我们在上海相会。那时我刚从美返国，他则将去美国。他负有使命，但我们仍谈了不少数学，我们的数学兴趣逐渐接近。我 1950 年去美，在芝加哥大学，他在伊利诺伊大学，相距甚近。他曾来芝大讲布饶尔－嘉当－华定理的初等证明，很漂亮。他 1950 年夏天返国，须过芝加哥去旧金山登轮，大家都佩服他的爱国热忱。此次相别，便天各一方，通信也稀。幸媒体有时有他的报道，得知他的一些行动。

直到1972年，我得到中国科学院邀请，我们才在北京会面。相隔二十二年，同顾前事，如在梦中。1980年他率团访美，过伯克利时在我家住了两夜，相谈如旧日，甚畅。1983年他访问加州理工大学，我从伯克利去访他，相距四百余公里，自己驾车。这已是我们相见的最后一面了。

（原载《光明日报》，2001年3月26日）

后 记

西南联大作为近代以来扎根中国大地办教育的一个典范，其历史功绩已载入史册，她所蕴含的精神至今仍熠熠生辉。目前，社会各界关注西南联大者越来越多，有关西南联大的研究渐成"显学"。历史是时代前行最好的坐标，我们走得再远都不能忘记来时的路。多年来，西南联大博物馆坚定当好西南联大精神的守护者、传承者和实践者，持续不断地挖掘、整理和利用西南联大历史资料，在此基础上进行展览展示、宣传教育、研究阐释等诸多工作，传承和弘扬西南联大精神，讲好西南联大教育救国故事。

"西南联大名师课"丛书是西南联大博物馆与东方出版社共同策划、勠力打造的挖掘、整理西南联大历史资料的一项成果。在整套丛书的编纂过程中，西南联大博物馆的李红英、朱俊、铁发宪、祝牧、张沁、王欢、李娅、姚波、马艺萌等老师参加了各册的选编、审校工作，博物馆其他同志也为编纂提供了保障支持，这是本套丛书顺利面世的重要保障。

高山仰止，景行行止。西南联大名家荟萃，大师们的学识博大精深。编纂这套丛书，我们一方面深感意义重大，另一方面也感到责任重大。由于时间仓促、水平有限，本丛书难免存在遗漏或不当之处，尚望联大校友及其亲属、专家学者和读者朋友批评指

后记

正。还有少量作者的亲属未联系上，敬请见到本套丛书后发邮件至1071217111@qq.com，与我们取得联系，我们将按照国家相关规定支付稿酬、奉送样书。

编　者